JN325239

地球を殺すな!

環境破壊大国・日本

伊藤孝司

風媒社

はじめに

一九七四年に設立された米国の環境シンクタンク「ワールドウォッチ研究所」は、『地球白書』を毎年発行している。その「２００４―５」年版は次のように指摘する。「数十年も高水準の消費が定着している先進諸国における改革の必要性に目をつぶり、アジアの将来の消費拡大について憂慮することはピント外れといえる。ヨーロッパと北アメリカの先進諸国に加え日本とオーストラリアこそは、消費にともなう地球規模の環境劣化の大部分に責任を負っているはずである」。

自国の利益を最優先にする米国は、最悪の環境破壊である大規模な戦争をアフガニスタンやイラクに仕掛け、人類にとって最重要課題である地球温暖化防止に極めて消極的であるなど、世界で最悪の環境破壊大国である。そして残念なことに、米国に次ぐ世界第二位のＧＤＰ（国内総生産）である私たちが暮らす日本も、地球環境に極めて大きな負担をかけている。

『地球白書２００４―５』は次のようにも述べている。「世界でもっとも豊かな国々の消費活動は、しばしば見えないかたちで、遠く離れた地域とその土地の人々に大きな犠牲を強いる」。天然資源をあまり持たない日本での物質的に豊かな生活は、世界各地での強力な資源獲得と経済活動の結果なのである。この本は日本の政府と企業が、アジア太平洋で暮らす人々の犠牲の上に資源や利益を得ている姿の、さまざまな現場を訪ねての報告である。
この取材で訪れた環境破壊の現場は、かつて日本が軍隊を送り込んで支配した場所であることが多かった。また先住民族が、環境破壊で被害を受けやすいことも分かった。日本のODAによるダム建設や製紙用の森林伐採で生活できなくなったインドネシアの人々、日本企業の売電事業のための巨大ダムで被害を受けているフィリピンの先住民族、日本の原発メーカーによる台湾への原発輸出、日本の原発のためのウラン鉱山で被害を受けているオーストラリア先住民族、日本などへの木材輸出で消えようとしているシベリアの森、日本など「先進国」が出す二酸化炭素などで海に沈もうとしている太平洋の国々。

こうした日本による海外での活動は、その国や日本の法律からすればほとんどが違法ではないだろう。だが現実には、日本での資源を大量消費する便利で快適な生活が、アジア太平洋での深刻な環境破壊を引き起こし、そこで暮す人々に犠牲を強いているのだ。しかもそれは、地球全体の環境をも確実に悪化させている。今のこの状態を容認するならば、私たち日本の消費者はアジア太平洋の人々と自然だけではなく、自分たちの子や孫たちに対しても加害者となってしまう。

地球を殺すな！　環境破壊大国・日本

目次

■第3部　熱帯やシベリアの森林を消す日本

■第4部 「先進国」が地球を殺す

第7章 地球温暖化で沈む国々●ツバル・マーシャル諸島 172

■第1部　巨大ダム建設に使われる日本の資金

第1章　ODAで建設された最悪のダム●インドネシア

熱帯林と住民の暮らしを破壊

インドネシア・スマトラ島中部の西側に広がる高原地帯には、ミナンカバウという民族が暮らす。ミナンカバウとは「勝利の牛」という意味で、今も数多く残る伝統的な建物・ルマガダンの屋根は水牛の角を模して空に突き出ている。集落の中心にイスラム教のモスクとともに設けられ、結婚式や葬式などで使われてきた。イスラム社会は父系社会が基本だが、敬虔なイスラム教徒であるミナンカバウたちは母系社会を今も守り続けている。ここには、独特の伝統と文化が保たれてきた。

熱帯林をぬって流れる川は上流から養分を運び、川沿いに豊かな土地をつくり上げた。ミナンカバウたちは主にゴムの採取をし、ドリアンやジャックフルーツなどの果樹を売って恵

日本によるODAの、最悪のケースであるコトパンジャン・ダム。

まれた生活をしてきた。

その地にコトパンジャン・ダムが完成したのは一九九六年三月。カンパール・カナン川にマハット川が合流した地点から一〇キロメートル下流に建設され、翌年一〇月から営業運転を開始した。ダムの高さは五八メートル、長さは二五七・五メートルの重力式コンクリートダムで、貯水量は一五億四〇〇〇万立方メートル。深い緑が続く熱帯林の中に広大なダム湖が広がっている。

伝統的な建物・ルマガダンと、移住を余儀なくされた人たち。ダムの水位が高い時に水没する村は放棄された。

コトパンジャン・ダムの発電容量は一一万四〇〇〇キロワット。「リアウ州の急増する電力需要を賄う」（「国際協力事業団」報告書）ことを主な目的としているが、洪水防止・灌漑・観光・養魚も行なう多目的ダムである。日本のＯＤＡ（政府開発援助）について研究してきた新潟大学の鷲見一夫教授は次のように語る。

「この電力は、当時のスハルト政権が推進したジャワ島からスマトラ島への集団移住計画や、スハルト一族が関係するゴムやパーム油の加工工場で使われるはずでした。ところが一九九八年五月のスハルト政権崩壊でこれらの計画は消えてしまったのです」

地元が必要とする電力だけを環境への負担が少ない小規模ダムでまかなえば良いにもかかわらず、大規模なダムが建設されてしまった。そのダムの水位は、乾季には大きく下がる。

「ダム湖の水は断層などに漏れ出していると推測されます。乾季には水量不足で発電できず、雨季には大口需要がないための大量排水で『人口洪水』を引き起こす欠陥ダムです」

と鷲見教授は指摘する。鷲見教授が訪れた二〇〇〇年九月の乾季には、一七ワットしか発電されていなかったという。たとえ水量があって発電できても、電力需要がないのである。

このダムによって、二つの川に沿って点在していた一〇カ村の四八八六世帯、約二万三〇〇〇人もが立ち退かされ、水没していない三カ村も冠水被害を受けた。

ダム湖への貯水に際して三六頭のスマトラゾウが捕獲されたが、乱暴な方法で行なったためにそのほとんどが死んだという。しかも、ゾウと同じように絶滅が危惧されているスマトラトラ・バクなどは救出されなかった。コトパンジャン・ダムは、熱帯の豊かな森林と生態系を破壊し、住民たちの昔からの暮らしをダム湖に沈めてしまったのである。

融資中止の声を無視

コトパンジャン・ダムは日本のODAの円借款（有償援助）によって建設された。「円借款とは、開発途上国政府等に対して、低利で長期の緩やかな条件で開発資金を貸し付けるもの」（「国際協力銀行」ホームページ）である。円借款のほとんどは「国際協力銀行（JBIC）」が実施している。

コトパンジャン・ダムへの円借款は次のように実施された。一九七九年、東京電力グループの「東電設計」が援助案件探しを行ない、「国際協力事業団（JICA）」からの委託で実行可能性調査を実施。援助案件を探したのと同じ会社が、「実行可能」との調査結果を出したのである。

この調査報告を受けて「海外経済協力基金（OECF）」（現在の「国際協力銀行」）が総額三一一億七五〇〇万円もの円借款を承諾した。「東電設計」は詳細設計・プロジェクト管理も受注。ダムの建設工事は、日本の「ハザマ」と現地企業が行なった。

このように、「開発途上国」でODAを使っての大規模な事業ができないかと日本企業が探し回り、その国の政府に援助「要請」を出させ、日本企業が実行可能性調査を実施し、そして円借款が行なわれるという仕組みである。こうしたやり方が、地元には必要もない事業が次々と行なわれる原因となっている。

このダムは、当初計画では発電容量数千キロワットの小規模ダムだった。ところが、電力

豊かな生態系を育んできた熱帯林の中にダムが建設された。水没する広大な熱帯林は伐採せずにダム湖へ沈められたため、腐敗して水質を悪化させた。

需要は急速に増大するとの「東電設計」による過大な予測に基づいて、必要もない大きなダムが建設されてしまった。

また、「東電設計」による調査が不正確だったため、水没予定外の地域がダム湖に沈んでしまった。そのうちのタンジュン村では四五戸が水没し、三五〇戸が一時的に冠水。そのために移住を余儀なくされた住民たちに対しては、補償金支払いや代替地の用意はされなかった。

一九九〇年一二月、日本政府はコトパンジャン・ダムへの円借款の前提条件として三項目をインドネシア政府に示した。「第一に、事業対象地に生息するすべてのゾウを適切な保護区に移転するようにしなければならない。第二点、事業により影響を受ける世帯の生活水準は移転以前と同等かそれ以上のものが確保されなければならない。第三点は、事業により影響を受ける世帯の移転合意は公正かつ平等な手続きを経て取りつけられなければならない」（一九九九年五月一七日、参議院行政監視委員会での「海外経済協力基金」の答弁）。

ところがインドネシア政府は、これに反する形で移転合意を得ようとした。一九九一年四月、集めた村落指導者たちに報酬を支払って移転・補償同意書への署名をさせたのだ。これに対し住民約七〇〇人が「住民代表声明書」に署名し、その年の九月二日にジャカルタの各政府機関へ提出した。「声明書」は次のように述べている。

「①この事業は、立案段階から今日にいたるまで政府による住民への説明は一度もされておらず、公開の場での民主的な話し合いは何ら行なわれていない。②補償同意書は、住民の知らないうちに、また住民全体の承認を得ないまま、住民代表を唱える一部の人により署名されたに過ぎない。③再定住地は、住民と協議されることなく政府により一方的に建設されている」

「声明書」発表に続き、九月七日には住民代表が日本まで行き、外務省や「海外経済協力基金」などを訪れた。「インドネシア政府は住民の意向を無視して人権侵害と環境破壊を引き起こそうとしており、融資はやめてほしい」と住民たちは訴えた。これに対し、外務省・大蔵省・通産省・経済企画庁を代表する形で当時の外務省有償資金協力課長は「我々の話し相手はインドネシア政府だけで、移住対策はインドネシアの国内問題」と突っぱね、インドネシア政府が三項目の前提条件を守っていないことは問題にしなかったのである。

日本とインドネシアのＮＧＯ（非政府組織）も、再三にわたって融資中止を申し入れた。日本政府がこの時点で事態の重大さを真剣に受け止めていたならば、住民たちが深刻な被害

ダム湖に沈んだ村の上をボートが進む。ここで暮らしていた人は、かつての様子をつぶやくように語り続けていた。

ダム建設によって放棄されたモスク。湖底に沈んだのは住民たちの財産だけではない。ミナンカバウの伝統と文化の多くも失われた。

「国際協力銀行」の前身である「OECF（海外経済協力基金）」の名前が記された井戸。水質が悪いため、飲むことができないという。

を受けることはなかったのである。なぜ日本政府は住民たちの声を無視したのか。外務省有償資金協力課長は次のように述べている。

「インドのナルマダ・ダムはNGOらの反対によってたなざらしの事態に追い込まれているが、もし、本件（コトパンジャン・ダム）で同じような事態が起こるとなれば、このプロジェクトにとどまらず、日本のインドネシアに対するODA全体にも重大な影響を与えかねない」（外務省公電第二一〇六号）。

つまり、ダム建設で起きた人権侵害と環境破壊よりも、ODAを継続するということの方が重要だというのだ。

コトパンジャン・ダムは一九九六年三月に完成し、翌年二月末から本格的な貯水が開始された。ところがこの時点でも、多くの住民が立ち退きの補償金を受け取っていなかった。しかも移住先にはゴム園が未完成だったので、住民たちには収入を得る方法がなかった。

日本政府とこのダム建設のプロジェクト管理を請け負った「東電設計」は、補償などが終わるまでは貯水を延期するようインドネシア政府に要請するべきだった。鷲見教授は次のように批判する。

「移転した住民が生活難になるのを承知でダムに水を張るのは集団虐殺といっても良い暴挙です。日本政府と『海外経済協力基金』が当然チェックしなければならなかったにもかかわらずそれを怠ったので、管理責任が問われるべきです」

「海外経済協力基金」は円借款を行なうに際しての「環境ガイドライン」を持っていた。それには「水没によって移転を余儀なくされる住民の生活状況等について検討され、所要の措置が講じられる必要がある」としている。コトパンジャン・ダムは、この「ガイドライン」さえ守られず、立ち退きを強いられる住民たちが〝棄民〟となる可能性が高いにもかかわらず円借款を供与したのである。これは住民たちに対する犯罪的行為であり、円借款の資金を出している日本の私たちへの背信である。

コトパンジャン・ダムへのＯＤＡは他にも問題がある。「このダム建設自体が、スハルト一族の商売のためのものでした。ダムによる道路の付け替え工事は、スハルトの長女とその夫がそれぞれ経営する会社でした」と鷲見教授は指摘する。また、住民たちへ支払われるべき金がインドネシア政府の関係者たちのポケットに消えたという。貧しい家庭で生まれたスハルトは、世界の長者番付で第六位の七三二億ドル（約九兆一五〇〇億円）もの資産を持つ。

移住地に用意された貧弱な造りの住居。ここでは生活できず、再び移転して行った人たちの空き家や住居跡がいたる所にある。

日本のODAがそれに多大な「貢献」をしたのは間違いないだろう。

このコトパンジャン・ダムでは利益を得るべき住民が甚大な被害を受け、日本企業と当時のスハルト一族が儲けた。そして日本政府からの円借款は、インドネシア国民の負債として残ったのである。コトパンジャン・ダムに対するODAは、日本が行なってきたODAとは何であったのかを鋭く問うている。

悲惨な生活に陥った移住者たち

インドネシア政府は立ち退きの条件として、資産への補償金支払い、土地・住宅とゴム園の提供を約束した。ところが驚くべきことに、私が取材に行った二〇〇三年でも、ダム完成から七年が過ぎているにもかかわらず補償金をまだもらっていない人が多くいた。

一九九八年、そうした一〇世帯が「インドネシア国営電力公社」に対し補償を求めて地元裁判所に提訴。ところが「公社」は、この訴訟の判決が出ていない二〇〇〇年に、補償金支払いの終了を発表した。そのため今度は、六七世帯がこの事業に関係した政府の責任者八人を相手に訴訟を起こした。

支払いを受けた人たちも不満を持っている。補償額が、一世帯あたり二五〇万～八〇〇万ルピア（約三万五〇〇〇円～一二万円）と極めて少なかったからだ。補償対象物への評価額が低く、たとえば時価二万ルピア（三〇〇円）のゴムの木に支払われたのは二〇〇〇ルピアでしかなかった。

立ち退きの際、複数の村には軍隊が出動した。空へ向けて拳銃で七発の威嚇射撃が行なわれた村もある。武力で威圧され、無理やり移住させられたのである。移住地で与えられた住居を立ち退かされた人たちは「ヤギ小屋」と呼んでいる。約束されていた半恒久的な物とはほど遠く、貧弱な木造家屋だからである。

ジャス・マウィリスさんは、移住地の一つ、タンジュン・アライ村へ

道路際にわずかに植えられているゴムの幼木。「ゴム園」にする予定で広大な熱帯林が伐採されたが、荒れ果てたまま放置されている。

一九九四年に移住して来た。彼女の家は、屋根の一部は壊れて板が垂れ下がり、室内が見えるほど外壁は傷んでいる。しかも屋根には発ガン物質のアスベストが使われている。

「前の村ではゴム園やたくさんのヤシの木を持っていましたが、今では夫の出稼ぎで何とか暮らしています。村人の三分の一が、近くの町やマレーシアまで働きに出ているんです」

マウィリスさんが「ここでは水の確保が大変」と言うので近所の井戸を見て回った。どの井戸の中にも草が茂っており、使用されていないのは明らかだ。水質が悪くて飲料水として使えないという。

移住した世帯には二ヘクタールのゴム園を用意するという約束だった。ところが実際には、ごくわずかなゴムの木が道路沿いに植えられていただけだった。その面積は、「ゴム園」全体の五〜一〇パーセントしかいない。しかもゴムの採取がまだできない幼木ばかりなのだ。そのためシンガポールやマレーシアなどへ出稼ぎに行ったり、他人のゴムなどでの日雇い労働などに出たりしている人もいる。米を買うことができなくなった人たちは、荒地でも成育するキャッサバを食べている。子どもを学校へ通わせるのを断念した家庭も多い。このように立ち退きをさせられた人たちは、移住の前よりも貧しい生活を強いられている。

いったんは移住地で暮した約一〇〇世帯が、水没をまぬがれた元の家に戻っている。そうしたタンジュン・バリット村で暮らすシャムスリさん（一九三五年生まれ）から話を聞いた。

「ここから七キロメートル離れた所へ移住したものの水がありませんでした。水没をまぬがれたゴム園とは一〇キロメートルも離れたために耕せなくなり、この村に戻ったんです」

タンジュン・バリット村は、雨季でダム湖が満水状態になっても
多くの民家が水没しない。一度は放棄された村に、多くの住民が
移住先から戻った。冠水した道路を住民たちが行き来している。

村の中に子どもたちの
元気な声が響く。水田
も耕され、村はかつて
の活気を取り戻した。

企業利益と「国益」のためのＯＤＡ

日本のＯＤＡは、無償援助は税金、円借款は郵便貯金・簡易保険と国民・厚生年金などによる財政投融資を主に使っている。厳しい財政事情によって日本のＯＤＡ予算は削減されたが、二〇〇三年の実績（暫定値）は一兆三二八億円となっている。そのうちの四分の三が二国間援助である。

日本がインドネシアに行なった二〇〇〇年の無償・有償援助は九億七〇一〇万ドル（約一二一三億円）。このインドネシアに対し日本はもっとも多額のＯＤＡを実施しており、その七九・七パーセント（二〇〇〇年）が、返済義務のある円借款である。二〇〇〇年までの円借款の総額は三兆五四八五億円にもなる。もはや返済不可能な金額だ。

日本など「先進国」からのＯＤＡや、「世界銀行」・「アジア開発銀行」といった国際金融機関からの援助でできた債務は、インドネシアやフィリピン、タイ、アルゼンチン、ブラジルなど返済能力を失った国にとって深刻な問題となった。

「インドネシアへの債務は最終的には放棄せざるを得ないでしょう。ただしそのためには、インドネシアでのこの融資に絡む不正着服金の回収が行なわれることと、日本でデタラメな融資を実施した関係者の責任追及が行なわれるべきです」と鷲見教授は語る。

ＯＤＡの問題はこれだけではない。日本のＯＤＡが「国益」優先へと大きく変質しようと

住民無視の援助を行なった日本の責任を問うため、8396人が日本の裁判所に提訴。
この数は立ち退きをさせられた住民のうち、未成年以外のほとんどの人たちだ。

しているのだ。それを日本に強要しているのは米国・ブッシュ政権である。ハワード・Ｈ・ベーカー駐日米国大使は次のように述べている。

「アフガニスタンやスリランカでは、日本はＯＤＡを健全に活用して、平和の構築と開発を進めてきた。ＯＤＡは、テロとの戦いと『良い政府』の促進において、かつてない重要な外交手段になっている」（「朝日新聞」二〇〇三年一月七日付「私の視点」）。

この米国が望む日本のＯＤＡのあり方は、すでに先取りして行なわれている。一九九八年に相次いで核実験を行なったパキスタンとインドに対しＯＤＡの供与を凍結。日本政府によるＯＤＡの基本方針である「ＯＤＡ大綱」の、「軍事的用途及び国際紛争助長への使用を回避する」という原則に従ったからだ。ところが、二〇〇一年の米国によるアフガニスタン侵攻の際、パキスタンの協力を得るためになし崩し的に援助を再開したのだ。

また日本政府は、米国・ブッシュ政権によるイラク攻撃への支持を取りつけるための働きかけを、ODA供与国を中心に行なった。多額の金を与えたのだから言うことを聞け、というのである。そして二〇〇三年度で、一一八八億円のイラクへのODA供与を決めた。その中にはパトカー六二〇台の三〇億円といったものがある。

日本の自衛隊が派兵されたサマワは、三菱商事が採掘権を得ようとしているアル・ガラフ油田から約四〇マイル(約六四キロメートル)しか離れていない。イラクへのODAや自衛隊派兵は「復興支援」というようなものではなく、

11〜12世紀に建てられたムアラ・タクス仏教寺院遺跡。ダム湖の水際にあるため、洪水時に水没する危険性がある。建設されるはずの堤防はいまだにできていない。

米英軍による侵略への加担であるとともに、日本の権益を確保するためのものであるのは明らかだ。

日本と朝鮮民主主義人民共和国との関係が最悪の状態にある中で、日本から多くの大手建設会社が訪朝している。国交正常化後に実施されるであろう、日本からのＯＤＡなどを使っての大規模なインフラ整備事業の受注を狙っているのだ。

自民党内には、ＯＤＡを国益のために戦略的な活用をしようという意見がある。日本人拉致や捕鯨といった問題において日本を支持するかどうかでＯＤＡの供与を決めるという。「経済開発や福祉の向上を通じて、（供与国）国民の生活向上に役立つことが目的」（外務省ホームページ）というＯＤＡの理念は急速に色あせている。

日本政府・企業の責任を問う八〇〇〇人の原告

「援助をした日本がインドネシア政府をコントロールしなかったために私たちが悲惨な状態に置かれたんです。この責任が日本政府にあるのは明らかです」とシャムスリさんは語った。

二〇〇一年一一月、「コトパンジャン・ダム被害者住民闘争協議会」が水没した一〇カ村の住民によって結成された。そして二〇〇二年九月五日、コトパンジャン・ダムによって被害を受けた住民三八六一人が、日本政府・「東電設計」・「国際協力銀行」・「国際協力事業団」を相手取って東京地裁に提訴した。①被告らはインドネシア政府に対し、ダム建設以前の状態への原状回復を勧告すること。②被告らは、原告一人あたり五〇〇万円、総額一九三億五〇〇〇万円の損害賠償を支払うこと、を求めている。日本では、この裁判を支援するために「コトパンジャン・ダム被害者住民を支援する会」が結成された。日本のODAは誰のためのものなのかが、日本の法廷で初めて問われることになった。

そして二〇〇三年三月二八日には、住民たちが追加提訴をした。その結果、原告は一五カ村の八三九六人となった。しかも、インドネシア全土に組織を持つ環境保護団体・「インドネシア環境フォーラム」が、スマトラゾウ・スマトラトラ・マレーバクといったダムで深刻な被害を受けた動物たちの代理人として原告に加わった。

原告弁護団は、「国際協力銀行」が二〇〇二年五月にまとめた非公開内部調査資料「援助効果促進調査」を入手した。

「この調査資料には、軍隊や水没の恐怖による移転の強制が行われたこと、移転地には約束されたゴム園や住居が供与されず生活水の調達すらできないこと、補償金が法外に低く、未払いがあることなどが書かれています。JBICはコトパンジャン住民の被害事実を知っていたにも関わらず、「不知」「否認」を繰り返していたこと、証拠隠しをしていたことを明らかにしました」(コトパンジャン・ダム被害者住民を支援する会ホームページ)。

「国際協力銀行」は、コトパンジャン・ダムに対して実施したODAが多くの深刻な問題を引き起こしたことを認識していたのである。ただちに自らの過ちを認め、被害者住民たちに謝罪・補償をするべきだ。

「生まれ育ったこの村にずっと住み続けることを望みます。ダムは撤去してほしい」とタンジュン・バリット村へ戻ったシャムスリさんは語る。

二〇〇四年は日本のODAが始まって五〇年になる。コトパンジャン・ダムのような最悪なODAが続くのは、「援助」を必要としている人たちにではなく、日本企業の利益や外交的判断によって援助先が決められることが多いからだ。「援助」先の住民を苦しめるようなODAは必要ない。

第2章

郵貯・年金で建設された巨大ダム●フィリピン

国家的事業として建設された巨大ダム

フィリピンのマニラ空港を飛び立った小型飛行機は、バギオ空港をめざす。窓からの景色は、それまで続いていた緑豊かな平野から茶色っぽい山岳地帯へと急に変わった。すると山々の間に巨大な湖が現れた。三年前の二〇〇〇年三月に来た時にはなかったものだ。アグノ川に建設されたサンロケ・ダムのダム湖である。

首都マニラから北西に約二二〇キロメートル。サンロケ・ダムは、マルコス政権によって一九七四年に建設計画が立てられた。だがフィリピン経済の悪化によって計画は凍結。ラモス政権になってこの計画は再浮上し、一九九八年二月に工事が着工された。

マルコス政権時代の一九五〇年代に、アグノ川流域で五つのダム建設が計画された。アン

完成したサンロケ・ダムの上部。左岸側から見たダム本体とダム湖（2003年４月）。

ブクラオダムとビンガダムが建設され、三つ目のダルピリップ村タブへの建設計画は先住民族イバロイの強い反対もあって中止になった。

「四カ年開発計画」を打ち出したマルコス政権は、一九七四年にサンロケ村へのダム建設を計画。ところが、国際金融危機でフィリピン経済が悪化し、建設計画は凍結された。この計画が再浮上したのはラモス前大統領の時だった。経済開放政策による工業化に必要な電力を供給するためだった。この国家的事業は一九八八年二月に工事が着工された。総事業費は一〇億五〇〇〇万ドル（約一一五五億円）。

二〇〇〇年に建設現場へ立った時には、谷底で巨大ダンプカーがアリのように動き回っていた。ダム本体は二〇〇二年八月に完成し、満々と水を湛(たた)えた広大なダム湖が出現。そして二〇〇三年五月一日から発電事業の商業運転が始まった。開業式典はマニラの大統領宮殿で五月二九日に開催され、アロヨ大統領やラモス元大統領が出席した。まさにサンロケ・ダムは国家的大事業なのだ。

水力発電を行なうダムは、放射能を撒き散らす原子力発電や二酸化炭素を排出する火力発電所と異なり「環境にやさしい」と思われてきた。だがそうではなかった。ダム湖に堆積した植物は腐敗して二酸化炭素とメタンガスを放出し、湖底の重金属は濃縮される。国土交通省と関西電力が黒部川で行なっている排砂は、川と海の生態系に大きな打撃を与えている。ダム湖が完全に埋まってしまい機能を失っても、膨大な土砂と重金属をダム湖に溜め込んだ大きなダムを撤去することは極めて困難だ。しかもダム崩壊の危険性も出てくる。もちろん生態系に壊滅的な打撃を与える。こうした問題点が認識されるようになり、欧米は巨大ダム

左岸側から見たサンロケ・ダムの建設現場。土と岩を盛り立てる作業が、深い谷底で行なわれている（2000年３月）。

建設から撤退している。

ところが、サンロケ・ダムの高さは約二〇〇メートル、長さは約一・一キロメートル。土や岩を台形状に盛り立てて造るロックフィルダムで、フィリピンでは最大、アジアでも屈指の規模の巨大ダムである。ダム建設の主目的は発電で、灌漑・洪水制御・水質改善のためにも使う多目的ダム。発電以外の事業は、国営「フィリピン電力公社」が行なう。

発電容量は三四万五〇〇〇キロワットで、三基の発電機は東芝製である。総事業費は一一億九一〇〇万ドル（約一四三〇億円）。これには、灌漑施設の建設費は含まれていない。

流域住民の声を無視したダム建設

「銃を持ったガードマンと兵士がやって来ました。この家で妻は生まれ、私は結婚してから二〇年以上もここで暮らしてきました。その家をガードマンが壊してから火をつけたんです。焼かれるのを見て、頭の中が真っ白になり、呆然としていました。この日、一一世帯が立ち退かされたんです」

二〇〇二年七月二八日、サンロケ・ダムの少し上流で暮らしていたロドルフォ・アルバイさんは強制的に立ち退かされ、ダム湖に水が貯められた。

サンロケ・ダムの運用が開始されてからも、多くの批判や不安の声があがっている。現在、深刻な被害を受けているのは、ダム建設工事によって砂金採取ができなくなったり、農地を失ったりした人たちだ。アグノ川では数千人が砂

極めて乱暴な方法で移転させられたロドルフォ・アルバイさん。

金採取をしてきたが、ダム建設が始まると採取は禁止された。

砂金採取によって生計を立ててきた人たちの話を、サンロケ・ダムより下流の町で聞いた。パンガシナン州サンニコラス町のペドロ・マカダンダンさんは次のように語った。

「砂金採取ができなくなり、小学校へ通わせていた二人の子どものうちの一人は行かせられなくなりました。また、ダム建設のための河原での大規模な採石によって水田の水位が下がり、二期作していたのが一回しか収穫できなくなったんです」

サンマニュエル町ではドーミン・アキホさんから話を聞いた。

「私の収入のほとんどは砂金採取からでした。農業だと一日四〇ペソ（約八〇円）ほどの収入ですが、砂金では一〇〇ペソ（約二〇〇〇円）以上になる時もありました。それがダム建設で、まったくできなくなったんです。サンロケ・ダムの事業者と『フィリピン電力公社』に対し、被害への補償と新たな生活手段を求めていますが応じようとしません」

「アグノ川の自由な流れを取り戻す農民運動」は砂金採取ができなくなってからの三年間分の補償金として一人約一七万ペソ（約三四万円）を要求している。三〇〇〇人以上の砂金採取者が被害を受けているにもかかわらず、認定されたのはわずか三一九人でしかない。

次のような悲惨なことも起きた。マルビン・アルベルトさん（当時一九歳）の一家は、サンマニュエル町で米作りと砂金採取で暮らしてきた。ところがダム建設のために農地は収用され、砂金採取もできなくなった。二〇〇二年八月、マルビンさんは資材置き場で鉄屑を拾おうとして警備員に射殺されてしまったのである。平和に暮らしてきた流域住民たちが、ダム建設によって翻弄されていることをこの事件は象徴的に物語っている。

ダム建設で立ち退かされたのは七八一世帯。そのうち、集団移住地で暮らしている人たちもいる。カマンガン集団移住地には一八七戸、ラグパン集団移住地は四〇戸の一戸建て住宅が整然と並んでいる。

　カマンガン集団移住地は、三年前に比べると庭の緑が増えた。だがそうした中に、荒れ果てた空き家がいたる所にある。集団移住地では仕事がない。電気や水道の料金を支払う余裕がない世帯がほとんどで、学校に通えなくなった子どもたちが増えている。そのため、移住地の家を売って、ここを出て行く人たちが増えているのだ。カマンガンでは二七世帯、ラグパンでは四世帯になる。カマンガン移住地で暮らす世帯の七〇～八〇パーセントが月四五〇〇ペソ（約九〇〇〇円）の貧困ライン以下という。

　移住した人たちへようやく行なわれた養豚やマッシュルーム栽培などの生活再建事業は、あまりうまくいっていない。立ち退かされた人たちの生活水準は、移住前より明らかに低下している。

　サンロケ・ダムによって予想外の事態が起きた。二〇〇四年八月末にルソン島を襲った洪水によって、猪や五三人・被災者二〇〇万人という大きな被害が出た。被害を拡大したのが、サンロケ・ダムによる放水だと指摘されているのだ。

　洪水時でも、上流にあるアンブクラオ・ダムとビンガ・ダムからの放水を受け止めるのに十分な容量がサンロケ・ダムにはあるため、一〇〇年に一度の洪水にも耐えられ、水門を開けることはまずないだろうと説明されていた。にもかかわらず一斉に放水したために、下流

ダルピリップ村やその下流で、たくさんの人が砂金採取をしてきた。女性や子どもたちでも現金収入を得ることができる貴重な仕事だ。

で大洪水が起きたのである。

先住民族イバロイの村

もうもうと砂ぼこりを巻き上げながら、ジプニーは山にへばりつくようにして川沿いの狭い道を登って行く。その屋根の上は涼しくて快適だが、大きく揺れた時には深い谷底へと振り落とされそうになる。

バギオ市を出発して約二時間半。大きな吊り橋が見えてきた。ここで自動車の通れる道は終わりだという。ここが目的地のベンゲット州イトゴン市ダルピリップ村。先住民族イバロイ族の村である。標高三〇〇～三六〇メートルの間に、アグノ川に沿って点在する数多くの集落から構成されている。どの集落も川のすぐそばの平坦な場所に水田と人家がかたまっている。強い日差しで水田の緑がまぶしい。村全体の人口は約二二〇〇人。谷底のわずかな平地で稲や家畜を育て、砂金採取をして暮らしてきた。

三年前、ルイーザ・ベジタンさんの家に泊めてもらった。彼女の家族は、夫と四人の子どもたち。庭には野菜が植えられ、二頭の豚とたくさんのアヒルを飼っている。村で採れたマンゴーやバナナがおいしい。収穫したばかりの自家製コーヒーは香りがすばらしい。

ルイーザさんに村の中を案内してもらった。どの家もさまざまな樹木や花に囲まれている。今も残っている伝統的な家屋の二階から手を振っているのは、九九歳というこの村の長老。村の中心にある広場では、たくさんの子どもたちがバスケットボールをしたり木陰で話をしている。

村の中を通り抜けてアグノ川の河原に下りる。砂金採取りを見せてくれるという。川岸では一人のお婆さんが作業をしている。ルイーザさんについて来た子どもたちは、素っ裸になって川に飛び込んだ。雨季になると、村の外からやって来るたくさんの人たちとともに砂金採りをするという。自給自足に近い生活をしているこの村にとって、砂金採取は現金収入をもたらす。

その近くに共同墓地があった。ルイーザさんは、自分の肉親の墓を一つひとつ説明してくれる。「ダルピリップはイバロイ族の祖先が祀(まつ)られている重要な場所」とルイーザさんは言う。死者の霊は特定の場所に住み川や森を守っている。祖先と強いつながりを持っているイバロイ族にとって、埋葬地は決して侵してはならない神聖な場所なのである。

村の滞在中、死者を弔う九〇日目の儀式があった。村人たちが取

ダルピリップ村へ向かう途中のアグノ川。稲刈りをしている隣には植えられたばかりの水田が広がる。人々はアグノ川に沿って住居と水田を造り、自給自足に近い暮らしをしてきた。

ダルピリップ村の川沿いにある共同墓地へ、ルイーザさんが案内してくれた。「ここには親戚や友人たちが眠っているのに、ダムの堆砂で埋まってしまいます」。

り巻く中で、数人の若い男性たちが大きなブタを押さえつけている。村の長老が祈りを捧げ終わると、竹のナイフがブタの首に差し込まれた。断末魔の声が響きわたる。若者たちは実に手際よくブタを解体し、さまざまな料理を作っていく。なぜか女性はまったく手伝わない。完成した料理は庭に並べられ、長老と遺族たちが祈りを捧げてから村人たちに振る舞われた。ブタの脂身や血を固めた料理がうまい。

葬儀の時は、何日にもわたってたくさんのブタが捧げられるという。キリスト教の布教によって伝統的な暮らしは大きな影響を受けているものの、死者を弔う儀式は守られているようだ。

「各家庭で飼っている動物たちは村の中を勝手に行き来していますが、盗む人などいないんです。平和な村ですよ」とルイーザさんは言う。他の村人たちからも、この村の自慢話を聞かされた。

死者を弔うための儀式。調理したブタと酒が誰に対しても振舞われる。ダルピリップ村でイバロイたちは、祖先との強いつながりを持った生活を守り続けてきた。

サンロケ・ダムのダム湖に流れ込む土砂を防ぐ
ための砂防ダムは、すでに完全に埋まっている。

急病人が出た。人を呼ぶ叫び声を聞いて、それまでどこにいたのだろうと思うほどの人々がいっせいに駆けつけた。そして若者たちが医者のいる集落まで担架で病人を運んで行った。

互いに助け合いながら自然に深く根ざした昔ながらの暮らしを続け、イバロイ族の伝統的な文化を守るダルピリップ村。桃源郷のようなこの村がサンロケ・ダム建設に振り回されてきた。村人たちは、早くからこのダム建設に強く反対してきた。その理由は、被害の先例を見ているからだ。

ダルピリップ村の上流には、一九五六年に建設されたアンブクラオ・ダム、一九六〇年のビンガ・ダムという大きなダムがある。この二つのダムでは、ダム湖が土砂で完全に埋まっている。

ビンガ・ダムはかろうじてわずかに発電しているが、アンブクラオ・ダムは一〇年以上前から発電機をまったく動かすことができずにいる。そればかりか、ダム湖の貯水容量が失われたため、洪水時に役立たなくなった。ダムの下流でひどい洪水が起きるようになったという。

アグノ川が運ぶ土砂の量は多い。雨水を集める山岳地帯には樹木が少なく、保水力が極めて低い。かつて、鉱山の坑道を支えるために樹木を伐採してしまったからだ。また、山肌はもろく谷は急峻なため、大雨が降るといたる所で土砂崩れが起き、その土砂はアグノ川へと流れ込む。

土砂はダム湖を埋めるだけではない。川の流れは、ダム湖に流れ込む手前で勢いを急に弱める。するとその場所に、流れが運んできた土砂を厚く堆積させるのだ。アンブクラオ・ダムとビンガ・ダムでは、住居や田畑が土砂に埋まり、河床が上がったことによって洪水に襲われるようになった。そのため、住民たちは移住を余儀なくされた。

「アンブクラオ村の村長をしていました。広い土地を与えるというので、四七年にこの村から約二〇〇世帯が移転に応じました。私の住んでいた家はダム湖の底ですよ。ところが、フィリピン電力公社は約束をほとんど守らなかったんです。ダムができるまでは余った米を売るほどの生活をしていたのに、今では水田がないので買っています。困窮生活になってしまったんです」とアンブクラオダムで移住したドロティィオ・タビラオさんは、ダムに沈む前の村の写真を示しながら語った。

フィリピン電力公社は、ダムに貯める水を集める集水域の管理計画を立て、植林などによって土砂の流出量を減らそうとしている。だが、アンブクラオダムとビンガダムを見ても、アグノ川が運ぶ土砂の量は多い。雨季には多量の雨が降るが、アグノ川の流れる山岳地帯は樹木が少ないために保水力が乏しい。鉱山の坑道を支えるために、膨大な量の樹木が伐採されてしまったからだ。そのため、土砂崩れがいたる所で起きている。

しかもサンロケダムは、アンブクラオダムとビンガダムより規模が大きいとはいえ、流れ込む土砂の量ははるかに多いと推測されている。それは、ビンガダムの下流でアグノ川に流れ込む支流には金などを採掘するいくつもの鉱山があるからだ。かつて地元の人々は、坑道を掘って小規模な採掘をしていたが、米国・カナダ・オーストラリアの鉱山会社が露天掘りの大規模鉱山開発を行なうようになった。そうした鉱山から、大量の土砂などが川に投棄されているのである。

二つのダムによって多くのイバロイ族が土地を追われた。一部の人は、政府が用意したパラワン島へ移住した。ところが、土地は荒れ果てていたり、与えられた土地は他の先住民族が所有していたので争いが起きた。そのため、戻って来た人たちもいる。

アグノ川への土砂の流入を減らすため、数多くの砂防ダムが建設された。ダルピリップ村で暮すノルマ・モオイさんが、砂防ダムへと案内してくれた。小さな谷に造られたいくつもの砂防ダムは完全に土砂で埋まっており、もはや何の役割も果たしていない。たった一年で埋まってしまったり、砂防ダムからあふれ出た土砂が農地に流れ込み被害を出してしまった場所もあるという。ダルピリップ村はイバロイの聖地で、住居や田畑だけでなく祖先が眠る墓地も川沿いにある。小さな民族なので、土砂堆積で大きな被害が出れば民族の存亡につながると危惧しているのだ。

フィリピン電力公社は、サンロケダムの工事を始めるに際して一九八四年と一九九七年に環境影響評価書を作成した。世界各地で民間企業や政府の学術調査などを長年にわたって手掛けてきた米国の環境コンサルタントのセルジオ・フィールド博士は、この環境影響評価書に対し次のように問題点を指摘する。

「サンロケダム貯水池（ダム湖）内の土砂などの堆積物の蓄積は予想の二〜三倍の速さで進み、その結果三六・六〜六六年、平均して約五〇年とされているダム稼働年数は、予測より三五〜六五パーセント短縮されて二五年以下になることが推測される」

「アンブクラオダム貯水池の実例に見られるように、サンロケダム貯水池の上流でも堆積が起こることが想定され、川底を堆積が埋めてしまうことは確実で、貯水池の上流域に深刻な洪水が予想される」としている。これはダルピリップ住民たちが危惧している事態が起きる可能

ビンガ・ダムのダム湖は、膨大な土砂で完全に埋まっている。深くて険しい谷のかつての面影はまったくない。

性が高いことを裏付けているのだ。

ダルピリップ村住民のルイーザ・ベジタンさんは、「土地は命なり」を合言葉にダルピリップ村でサンロケダム反対の運動をしている「サンタナイ・シャルピリップ先住民運動」のメンバーである。三年前、彼女とともに建設中のサンロケ・ダムを訪れた。ダルピリップ村の彼女の家からサンロケダムまでは、直線距離でちょうど二〇キロメートル。しかし、アグノ川沿いには自動車が通れるような道はない。そのためダルピリップからサンロケに行くには、バギオ市を経由して大回りをするしか方法はない。

サンロケに近づくと、ダム建設現場に向かう道路は立派な舗装道になった。山間に広い範囲で土が剥き出しになった場所が見えてきた。サンロケダムである。

ベンゲット州の山岳地帯を流れて来たアグノ川は、パンガシナン州に入るとすぐに広大な平野へと流れ出す。狭い谷を窮屈そうに流れてきた川は、平野に出た途端に姿をすっかり変える。解き放たれた反動のように自由きままに流れる場所を変える。川が平野に流れ出すという場所にサンロケダムが建設されている。その位置であれば、ダムの貯水量を増やすことができるし、何よりも建設資材の運搬が容易である。ダム造りに生き甲斐を見い出している技術者にとっては、ダムを造ってみたくなる場所なのだろう。

案内してくれたのは関西電力からサンロケ電力へ出向している日本人技術者である。日本国内でいくつものダムを造ってきたという。地下発電所への出入り口が見える場所、建設現場全体が見渡せる高台、仮締め切り堤と仮排水路入り口が見える場所へと連れて行ってくれ

ダム建設現場を訪れたルイーザ・ベジタンさん。「イバロイにとってダムは
死を意味します」と語った。後方にダムの中心部が見える（2000年3月）。

た。構内のところどころにカービン銃を持った警備員がいる。

英語の話せるルイーザさんは、案内の職員に質問や自分の意見を次々とぶつけている。ダムのすぐ上流側を見ていた彼女は「マンゴーの木が見えるから、そこに人が住んでいたんでしょう」とつぶやくように語る。強い風が吹き始め、空が真っ暗になってきた。間違いなくすぐにでも雨が降るだろう。私はルイーザさんに建設現場を見た感想を聞いた。

「サンロケダムに来たのは今日が初めてなんです。今の気持ちをどのように表現して良いのかわかりません。このダムがあまりにも大きかったからです。ダルピリップは土砂に埋まらないとの説明を受けましたが、過去の経験からそれは信じられないんです。私たちにはダムはいりません。イバロイ族にとって、サンロケダムは死を意味します」

ダムと闘ってきた先住民族

ダルピリップ村のあるベンゲット州と、カリンガアパヤオ州・アブラ州・山岳州・イフガオ州は山岳地帯にあり、コルディレラ地方と呼ばれる。ここには先住民族のイゴロット族が暮らす。イゴロット族とは、イバロイ族・カリンガ族・ボントック族・イフガオ族といった言語の異なるいくつかの民族の総称である。ダルピリップ村に残っている生活のように、彼らは大地と川からの恵みによって暮らしてきた。

だがこの地域は、森林の大規模伐採・ダム建設・鉱山開発が次々と行なわれてきた。生活を脅かされた先住民族たちは、激しい闘いを行なってきた。七〇年代にカリンガ・アパヤオ

ダルピリップ村のイバロイ族の伝統的住居。陸の孤島のようなこの村では、実にゆっくりと時間が流れる。

州を流れるチコ川で、「世界銀行」の融資による多目的ダム建設が四カ所に計画された。先住民族のカリンガ族とボントック族らの激しい反対運動が起き、新人民軍も支援した。多くの人々の犠牲により、この計画はアキノ政権によって中止された。この闘いの経験はサンロケダム反対運動にも引き継がれている。

　コルディレラ地方の先住民族の連合体が「コルディレラ民族同盟」である。バギオ市内の事務所の事務所を訪れた。玄関横の窓に貼られた部落解放同盟から贈られた鮮やかな「荊冠旗（けいかんき）」が目立つ。事務局長のジョアン・カリングさんに話を聞いた。

「この団体は、コルディレラ各地に一六〇以上の傘下組織があります。サンロケダム建設などの開発から先住民

抗日ゲリラとして戦ったことを讃えたメダルを持つパスカル・ポクディンさん。今はダムと闘っている。

族の土地を守り、環境を悪化させる大規模な鉱山開発に反対しています。政府はバギオ市を中心とした大バギオ構想を立てており、その中で大きな位置を占めるのが鉱山開発です。大バキオの三分の一の地区を鉱山関連地区にするというのです。現在のフィリピンはかつての深刻な電力不足は解消されており、その鉱山などで使う電力をまかなうためにサンロケダムを建設しようとしているのです」

　コルディレラ地方の先住民族は、フィリピン政府が推し進めるダム建設と鉱山開発という国策によって翻弄されている。

「山下財宝を探すためにダムを日本は建設している、と村人たちは噂しているんです」とダルピリップ村のパトリシア・カネテさんはかつて語った。アジア各国から日本軍が略奪した財宝が、山下奉文司令官の下でフィリピンのルソン島北部に埋められたという話はあまりにも有名である。

日本軍は一九四一年一二月八日に侵攻を開始し、翌年五月には占領を終えた。しかし一九四四年から米軍の猛攻撃を受け、山下司令官が率いる第一四方面軍と在留邦人たちは、バギオを経由してコルディレラ地方の山岳地帯へと逃れた。イバロイら先住民族たちの生活の場は、日本軍によって戦場と化した。食料補給を絶たれた中で日本軍は、先住民族たちの食料をことごとく奪いつくし人間の肉さえ食べた。私はその悲惨な状況を、勤務していた日本赤十字社から従軍看護婦としてフィリピンへ送られた韓国人・台湾人女性たちから聞いたことがある。

「NO　DAM」と胸に書かれたTシャツを着たパスカル・ポクディンさんは次のように語った。

「ダルピリップ村は隔絶された場所なので、フィリピンで最初に抗日ゲリラが組織されました。日本軍はゲリラを捕まえるために住民を次々と拷問にかけましたが、誰もが知らないと言い続けたんですよ。拷問で殺された人もいますし、教会を除いたすべての家が焼かれたこともあります。私の兄がゲリラに参加していることを知った日本軍は、居場所を聞き出すために父を後ろ手に縛って木に吊るしました。意識を失った体にアリがたかっている父の姿を見た妹が泣いていたことが忘れられません。私も一九四四年にゲリラに入りました」

アジア太平洋戦争では、コルディレラ地方の先住民族たちは日本軍によって食料を奪われたり虐殺されたりした。それから半世紀以上が過ぎた現在、今度は日本が建設したダムで生活を破壊されつつあるのだ。

日本企業の利益のための融資

サンロケ・ダムを建設し発電所運営を行なっているのは「サンロケ電力社」である。総合商社の「丸紅」が四二・四五パーセント、米国「サイス・エナジー社」(「丸紅」が二九パーセント出資)が五〇・〇五パーセント、「関西電力」が七・五パーセントを出資して設立。「関西電力」の参加は、日本の電力会社として海外での初の発電事業となった。

サンロケ・ダムは、実質的な日本企業が売電事業のために建設したのである。「サンロケ電力社」は発電開始から二五年間にわたり「フィリピン電力公社」に電力を販売し、その期間が終わると「公社」へ発電事業を移管する。

サンロケ・ダム建設費の七〇パーセント以上が、日本の政府系金融機関「国際協力銀行」と、民間銀行七行の協調融資によるものだ。この融資がなければ、サンロケ・ダム建設は不可能だった。

「国際協力銀行」は、「日本輸出入銀行」と「海外経済協力基金」が一九九九年一〇月に統合して設立された。二〇〇二年度の実行額が一兆九八六一億円という巨大金融機関である。「国際協力銀行」が、サンロケ・ダムへの融資といった「国際金融等業務」の資金にしているのは財政投融資からの借入金など。財政投融資は、郵便貯金・簡易保険や国民年金・厚生年金などで運用されている。つまり、日本で暮らす私たちが預けた金が使われているのだ。

一九九八年一〇月、当時の「日本輸出入銀行」は「サンロケ電力社」へ三億二〇〇〇万ドル

下流側から見たサンロケ・ダムの建設現場（2000年３月）。

ダム建設中の川の水を迂回させて流すための転流工事（2000年３月）。

ダム建設で移住した人たちが暮すカマンガン集団移住地。ここでは生活できないため出て行った人たちの空き家が目立つ。

（約三六二億円）の融資を決定。また「東京三菱銀行」が取りまとめ役となって、当時の「富士銀行」・「住友銀行」・「住友信託銀行」・「農林中央金庫」・「さくら銀行」・「三和銀行」といった民間銀行も一億四三五〇万ドル（約一五一億円）の協調融資を実施した。

一九九九年九月に「日本輸出入銀行」は、ダム本体の建設費用として「フィリピン電力公社」への四億ドル（約四八〇億円）の融資も決めた。このようにサンロケ・ダムは、日本の民間企業に金儲けをさせるための日本による融資で建設されたのだ。

「発展途上国」の自立を支援するために、「途上国」の政府に対して日本政府が行なう援助・出資がＯＤＡ（政府開発援助）である。第一章で取り上げたインドネシアのコトパンジャン・ダムはＯＤＡである。フィリピンで実施されているＯＤＡ事業は約一五〇件で、そのうちの半分以上が「国際協力銀行」の融資によるものという。

一九九〇年台になるとＯＤＡは、「先進国」の景気低迷などによって減少。それに代わって、自国での大規模事業の需要がなくなった民間企業が「途上国」で行なう事業が増加。こうした事業はどの国でも自国政府からの全面的な援助を受けており、日本の場合は「国際協力銀行」の「国際金融等業務」部門がそれを実施している。「国際協力銀行」が行なっている融資の中でこのサンロケ・ダムは、融資金額の大きさと地元の反対運動を無視しての実施ということからして非常に重要な問題だろう。

不要な電力と灌漑

「サンロケ電力社」が「フィリピン電力公社」と交わした電力購買契約は、フィリピン国民に必要もない経済的負担をかける恐れが高い。

二〇〇〇年五月、フィリピン上院本会議は「サンロケ・ダムは外国企業を利するもの」として、購買契約の調査を求める決議を採択。二〇〇二年七月には「フィリピン財務省」の諮問委員会が、「サンロケ・ダムの電力購買契約は財政的問題に加え法的問題がある」と答申した。

その結果、購買契約の改定が行なわれた。発電容量三四万五〇〇〇キロワットのうち、発電開始からの二五年間は八万五〇〇〇～一一万五〇〇〇キロワットしか発電しない契約になった。これは発電機三基のうちの一～二基しか使わない。巨大ダムで発電しなければならないほどの電力需要がないのだ。フィリピンでは民間の発電会社ができたり事業所での自家発電が進んだりし、現在では電力供給量は過剰状態となっている。

そもそも、「フィリピン電力公社」が購買する電力料金の設定が高すぎる。国際環境NGO「国際河川ネットワーク」の依頼で調査をしたウエイン・ホワイト博士によると、「フィリピン電力公社」が「サンロケ電力」から購入する金額は一キロワット時あたり一三～二一ペソ（約二六～四二円）。ところが、フィリピンでの全国平均消費者小売価格は二・三八ペソ（約五円、一九九八年）なのである。

下流側から見た完成したサンロケ・ダム。積み上げられた土と岩の高さは約200メートルにもなる。

ダム本体の一部に設けられた、洪水時にダム湖の水を排出するための洪水吐き。2004年８月の洪水時にはここから大量の放水が行なわれたため、下流で大きな被害が出た。

さらに問題がある。「サンロケ電力社」は、発電量に応じて受け取る電力料金とは別に、維持管理費などとして固定料金を二五年間にわたって受けることになっている。これは、川の水量不足などで計画通りの発電ができなくても支払われる。最初の一二年間は、最低でも毎月五億ペソ（約一一億円）にもなる。「サンロケ電力社」は高い利益を保証されている。だがフィリピンは、必要もない巨大ダムに高額の支出をすることになった。

サンロケ・ダムの発電事業は始まったが灌漑事業はこれからだ。「フィリピン国家灌漑庁」の計画では、三万四五〇〇ヘクタールの農地に水を供給。総事業費一億三八〇〇万ドル（約一六六億円）は、日本政府からのＯＤＡで調達しようとしている。

「アグノ川の自由な流れを取り戻す農民運動」代表のホセ・ドートンさんは、「農地をさらに奪う大規模な水路建設は必要ありません。すでにある灌漑施設を修理するだけで十分なんです」と語る。

ダルピリップ村のあるイトゴン町評議会は、サンロケ・ダム事業を承認することと引き換えに、先住民族の人権保護、土砂堆積の防止など一七項目の条件を出した。ところがいつまでもそれらは満たされなかったため、二〇〇三年三月に事業承認を撤回してサンロケ・ダムの運用をしないよう求めた。だが、それは無視された。フィリピンの「地方自治法」では、関連自治体による承認が事業推進の必要条件とされている。つまり、承認が撤回された状況でのサンロケ・ダムの運用は、その法律に違反している可能性が高い。

のどかな田園景色が広がるダルピリップ村。この地方の先住民族たちは、いくつものダム建設や鉱山開発などの国策に翻弄され続けてきた。

サンロケ・ダム建設反対運動を、先頭に立って続けてきたルイーザ・ベジタンさんの一家。

増える「国際協力銀行」による民間企業への融資

このように問題の多い事業が、どうして始まってしまったのだろうか。「国際協力銀行」の前身である「日本輸出入銀行」は、「フィリピン電力公社」による環境影響調査に全面的な依存をした。サンロケ・ダム事業への融資の前提は、移住世帯の生活再建が十分に行なわれること、先住民族の権利を保障することだった。

だが「フィリピン電力公社」は、影響を過少評価したり意図的に隠したりしたのである。フィリピンを含め、長期にわたって軍事独裁政権が続いてきた国では、ダム建設などの大規模事業において住民たちの人権と財産が侵害され、深刻な環境破壊が行なわれてきた。独裁政権が終焉しても、そうした状況は根本的には変わっていない。問題の多い調査結果をもとに日本からの融資は決まり、サンロケ・ダムの建設が始まった。

現在、移住世帯を含む流域住民たちの生活状況は悪化し、ダルピリップ村での土砂堆積の危惧という重大な問題が解決されずにいる。ダム建設のために移転しなければならない世帯数を非常に少なく見込み、仕事ができなくなる砂金採取者数を補償対象としていなかったことがその大きな原因だ。土地への補償は、二〇〇四年三月現在で約三〇パーセントにあたる約三五〇件に対してはいまだに支払われていない。また、三〇〇〇人以上の砂金採取者が、補償や今後の生活手段を求めているが交渉は進んでいない。これらの問題を解決しないまま発電事業を開始した「サンロケ電力社」と「フィリピン電力公社」だけだけなく、環境対策

サンロケ・ダムにも近いダルピリップ村南部での川の流れ。ダム湖への土砂堆積が進むと、この景色も失われるだろう。

の実施状況を現在までの約六年間もモニタリングしてこの両者に融資を続けてきた「国際協力銀行」にも現在や今後の事態に対する大きな責任がある。

フィリピンの二〇〇二年のＧＤＰ（実質国内総生産）は八二〇億ドル（八兆五七〇〇億円）だったが、対外債務は五四九億ドル（約六兆五九〇〇億円）にもなった。返済不可能な巨額の対外債務を抱えながら、さらに融資を受け続けるフィリピン。サンロケ・ダムによってさらに増える負債を支払うのはフィリピンの国民である。

「コルディレラ民族同盟」のジョアン・カリングさんは次のように語った。

「日本はフィリピンに多額の投資や融資を行なっています。その結果フィリピンは、それに依存した輸出指向型の経済になり、いつまでたっても自立できずにいるのです」

フィリピンのミンダナオ島では、石炭火力発電所の建設計画が進む。この事業には、日本企業が

手つかずの自然が残るロシアのサハリン。

参加することになっており、「国際協力銀行」が融資を検討している。煙突の半径二キロメートル以内には一四一一世帯約二万人が暮らしており、健康被害や農業・漁業への影響が懸念される。サンロケ・ダムでの教訓を生かし、慎重に検討されるべきだ。

「国際協力銀行」による融資によって進行している事業の中で、ロシア共和国サハリン州で行われている大規模な石油・天然ガス開発でも深刻な事態が予想される。

私はサハリンを二度訪れたことがある。ここには厳しい気象条件の中に、世界でも有数の生態系が残り、沿海には豊かな漁場がある。この島には大規模な石油・天然ガス開発計画が九つもある。そのうち北東部の沖合いでは「サハリン1」「サハリン2」の事業が進んでおり、日本の総合商社・石油会社がこの事業に出資。

「サハリン1」を進めているのはエクソンモービルの子会社「エクソン・ネフテガス社」と、石油公団・伊藤忠商事・丸紅などが出資し東京に本社を置く「サハリン石油ガス開発」。「国際協力銀行」はこの会社に一一〇〇億円の融資を決めてその一部をすでに実行している。二〇〇三年七月から掘削を開始し、二〇〇五年には日量二五万バレルの原油輸出を始める予定。約二二〇キロメートルのパイプラインで、サハリンを横断してロシア本土まで原油を送る。また天然ガスを、日本の本州までパイプラインで送る計画を持つ。

「サハリン2」を行なっている「サハリンエナジー投資会社」は、ロイヤルダッチシェル・三井物産・三菱商事によって設立。「国際協力銀行」はこの第一期工事に約一三〇億円を融資。一九九九年から原油のタンカー輸送を開始している。第二期工事では、二〇〇五年から天然ガスを生産し、タンカーで日本や韓国に運ぶ予定。また、サハリン南部まで約八〇〇キロメートルものパイプラインを陸上に敷設し、二〇〇六年からは通年生産を行なう予定。ここの天然ガスを主に使うのは日本で、東京電力・九州電力と東京ガス・東邦ガスが購入を決めている。

「国際協力銀行」はこのように積極的な融資をしているが、タンカーやパイプラインでの輸送の際の油漏れなどの事故対策が極めて不十分なのだ。二〇〇四年九月八日には「サハリン2」で、強風で座礁したしゅんせつ船から一八九トンの重油が流出する事故が起きた。工事が着工されて以降、オホーツク海での漁獲量は激減しており、タラの死骸から原油が検出されているという。石油・ガス開発が行なわれているサハリン北東部は日本に飛来するオオワシの繁殖地でもある。事故が起きれば、貴重な生態系は瞬く間に甚大な被害を受け、北海道の漁業にも深刻な影響が出ると予測される。

「国際金融等業務は円借款（ODA）と違い、相手国政府に同等の立場からものを言えない。フィリピン政府に開き直られると何もできない」と「国際協力銀行」は国際環境NGO「FoEジャパン」との話し合いの席で述べた。海外で事業を行なう民間企業は少しでも多くの利益を追求するだろうし、「途上国」政府は外国企業を次々と誘致して外貨を得ようと無理をする。その結果、住民の生活や環境への影響は軽視されて被害が出る。それを防ぐことが不可能ならば、融資をするべきではないのだ。

先に述べたように「国際協力銀行」が「国際金融等業務」で使っているのは、郵便貯金・

夕日で赤く染まったダルピリップ村に、女性たちの歌声が流れる。歌うのは即興で作ったダム反対の歌だ。

簡易保険や国民年金・厚生年金など。アジアの人々の生活と環境が脅かされるような融資に、私たちが預けたお金が使われるのは御免である。政府と「国際協力銀行」は「国際金融等業務」について、ＯＤＡ以上に透明性を持たせるべきだ。また私たちがそれを、厳しく監視していく必要もあるだろう。

■第2部　放射能汚染をもたらす原発輸出とウラン採掘

第3章　原発輸出という第二の侵略　●台湾

失われた美しい海岸と遺跡

「第四原発」を建設しているのは、台湾で唯一の電力会社で国有企業の「台湾電力」。「第四原発」の建設現場は、台湾の北端に位置する台北県貢寮郷塩寮にある。海岸には浸食による奇岩が連なり、切り立った崖と入り江によって変化のある景色になっている。塩寮の街には、大きな海鮮レストランや釣り具店が立ち並ぶ。首都の台北市とは直線距離でわずか約三〇キロメートルの距離で、磯釣りや海水浴の客でにぎわう。一万人近くが暮らすこの街と、原発の炉心との距離はわずか一・五キロメートルしかなく、原発の周辺には小学校と中学校がいくつもある。

私はこの地を三度訪れた。来るたびに建設現場だけでなく、その周辺の環境も大きく変わ

塩寮の街には海鮮料理店や釣具店が並び、観光客でにぎわう。「第４原発」建設現場は、１万人近くが暮らすその街と隣接している。

っている。地元の人たちが、潮が引くと海草を採っていた美しい海岸には「第四原発」専用港が建設された。砂浜が浚渫(しゅんせつ)され、港を囲む防波堤が海に突き出ている。

「港が造られたために潮の流れが変わり、漁獲量は以前の一〇分の一へと激減しました。近くの海水浴場では、砂浜の様子がすっかり変わってしまったんですよ」と「第四原発」建設に反対する住民組織「塩寮反核自救会」で積極的に活動をしてきた呉文通さん（一九五五年生まれ）は語る。

林勝義さん（一九二四年生まれ）は先住民族・ケタガランで、民族名は「ケタ・アノ・パル・リン」。日本植民地時代から「平埔(へいほ)族」と呼ばれてきた先住民族の組織「台湾原住民族文化連盟」代表を務める。

ケタガラン代表の林勝義さん。「第４原発」の近くに、民族文化を保存するための公園を建設した。

「『第四原発』の敷地内にはケタガランの遺跡が数多く残されています。今までの工事で、祖先の墓や伝統的な家屋と、人の顔を掘った『鎮山石』という三六個の巨石が壊され、聖なる木が倒されました。『台湾電力』は、『文化財としての価値が低い』という理由で遺跡を破壊していますが、ケタガランにとっては祖先が残した大切な宝物なのです」

地元住民とケタガランの人たちは激しい建設反対運動を続けてきた。一九九四年に貢寮郷で行なわれた「第四原発」建設の是非を問う住民投票では、九六パーセントが反対だった。地元で釣具店をしながら建設に強く反対してきた揚貴英さん（一九四五年生まれ）は、「原発ができると、この商売がどうなるかわかりません。この土地を良い環境のまま子や孫に残すことが私の義務です」と語る。

「核拡散防止条約」違反

中国大陸での「共産党」との戦いで敗れた蒋介石が率いる「国民党」は、日本敗戦によって植民地支配から解き放たれた台湾へと逃げ込んだ。そして一九四九年から一九八七年まで戒厳令を続け、軍事独裁政治を行なった。

そうした中で「台湾電力」は、安全性を危惧する声を一切無視して次々と原発を建設。最初に建設した「第一原発」一号機の営業運転開始は一九七八年一二月。それ以降、第二、第三と建設された。各原発には原子炉が二基ずつ設置され、「第三原発」二号機は一九八五年五月に稼動した。この六基の原発はすべて米国製である。武器とセットにして売りつけられたが、国際社会の中で孤立を深めていた台湾はそれを受け入れることで米国とのつながりを強めようとした。

「第四原発」も落札したのは「米ゼネラル・エレクトリック（GE）社」だが、今回は日本の原発メーカーが「下請け」という形になっている。原子炉圧力容器は一号機を日立、二号機は受注した東芝が石川島播磨重工業に製造をさせた。発電機は、「台湾電力」と直接に契約をした三菱重工が受注。つまりこの「第四原発」は完全な日本製なのである。

「日本弁護士連合会　公害対策・環境保全委員会」は、「台湾の原子力政策調査報告書」を二〇〇二年六月に発表。その中で、日本による台湾への原発輸出の問題点を次のように指摘している。

「核武装国である中華人民共和国と長い軍事的な対抗関係にあった台湾政府が、核武装の計画を持っていたことは、国際社会においては、いわば公然の秘密というべきものであった。（略）現在の陳大統領（陳水扁総統・筆者注）の率いる台湾政府が核武装の計画を持ち、これを実施しているという証拠はない。しかし、過去に核武装を計画した勢力の影響が政府から一掃されているとみなすこともできない」。

そうした状況で、日本が台湾へ原発輸出をする最大の問題は「核兵器の不拡散に関する条約（「核拡散防止条約」、ＮＰＴ）」を台湾が批准していないことだ。この条約の第三条では、「核物質、原子力発電設備の輸出にあたっては核兵器に転用されないように「国際原子力機関（ＩＡＥＡ）」による保障措置を求める」としている。

ところが台湾は、一九七九年に「ＮＰＴ」と「ＩＡＥＡ」の両方から脱退。しかも日本は、一九七二年の日中国交回復によって台湾と国交を断絶した。そのため、二国間協定締結という形で、核兵器開発に転用しないという保障を得ることもできないのだ。つまり、日本が台湾へ原発輸出をすることは「ＮＰＴ」違反の可能性が高い。

このような状況のままで原発を輸出すれば、中国との軍事的な緊張状態が極度に高まった場合、台湾は日本製原発を使っての核兵器開発を考える危険性がある。一九九八年五月、長年にわたって領土争いを続けてきたインドとパキスタンは相次いで核実験を実施。この時にインドが使ったプルトニウムは、「カナダ原子力公社」が輸出した重水炉で生産された。パキスタンは、フランスとカナダが中国に輸出した原子炉を使ったという。原子力発電と核兵

（上）「第４原発」１号機の建設現場。向かって左側では２号機の建設も行なわれている。
（下）上の写真の反対側から見た建設現場。手前にタービン、その奥に原子炉が据えつけられる。

器開発は、やはり表裏一体であり、アジア諸国への原発輸出は核兵器の拡散に加担する危険性が大きい。日本の政府と原発メーカーは、極めて慎重に対応する必要があるのだ。

また、輸出した原発での事故で放射能汚染が起きた場合の責任についても明確ではない。「原発の安全性確保についての一次的責任は運転国にある事をロンドン条約は定めている」（一九九七年六月三〇日、通産省）というのが日本政府の立場だ。しかし台湾は、「ロンドン条約」を批准していない。

しかも、「第四原発」で使用する「改良型沸騰水型炉（ＡＢＷＲ）」の安全性には大きな不安がある。このＡＢＷＲは、日立・東芝と東京電力が共同開発した原子炉である。新潟県の「柏崎刈羽原発」に長年にわたって反対してきた柏崎市会議員・矢部忠夫さんは、ＡＢＷＲの危険性を次のように指摘する。

「全世界の商業用原子炉約四三〇基の内、ＡＢＷＲは『柏崎刈羽原発』六号・七号機だけです。従来の炉は一一〇万キロワットまでですが、ＡＢＷＲは一三五・六万キロワットという世界最大の出力に引き上げられています。ところが建設費を安くするため、緊急炉心冷却装置（ＥＣＣＳ）や原子炉圧力容器・格納容器の容量を小さくするなど安全性を損ねる手抜きを随所に行なっているのです」

台湾の原発では大事故を過去に何度も起こしており、運転・管理に問題がある。一九八二年、「第一原発」で放射能汚染された約六〇四トンのクズ鉄が鋳造工場へ売却。それが約七〇〇〇トンの鉄筋などへと加工された。

放射性物質のコバルト60で汚染された鉄筋を使用したアパート、事務所ビル、学校など一

（上）「第４原発」専用港が建設される前の、1999年２月の海岸。
（下）専用港建設によって大きく変わった2002年９月の同じ場所。

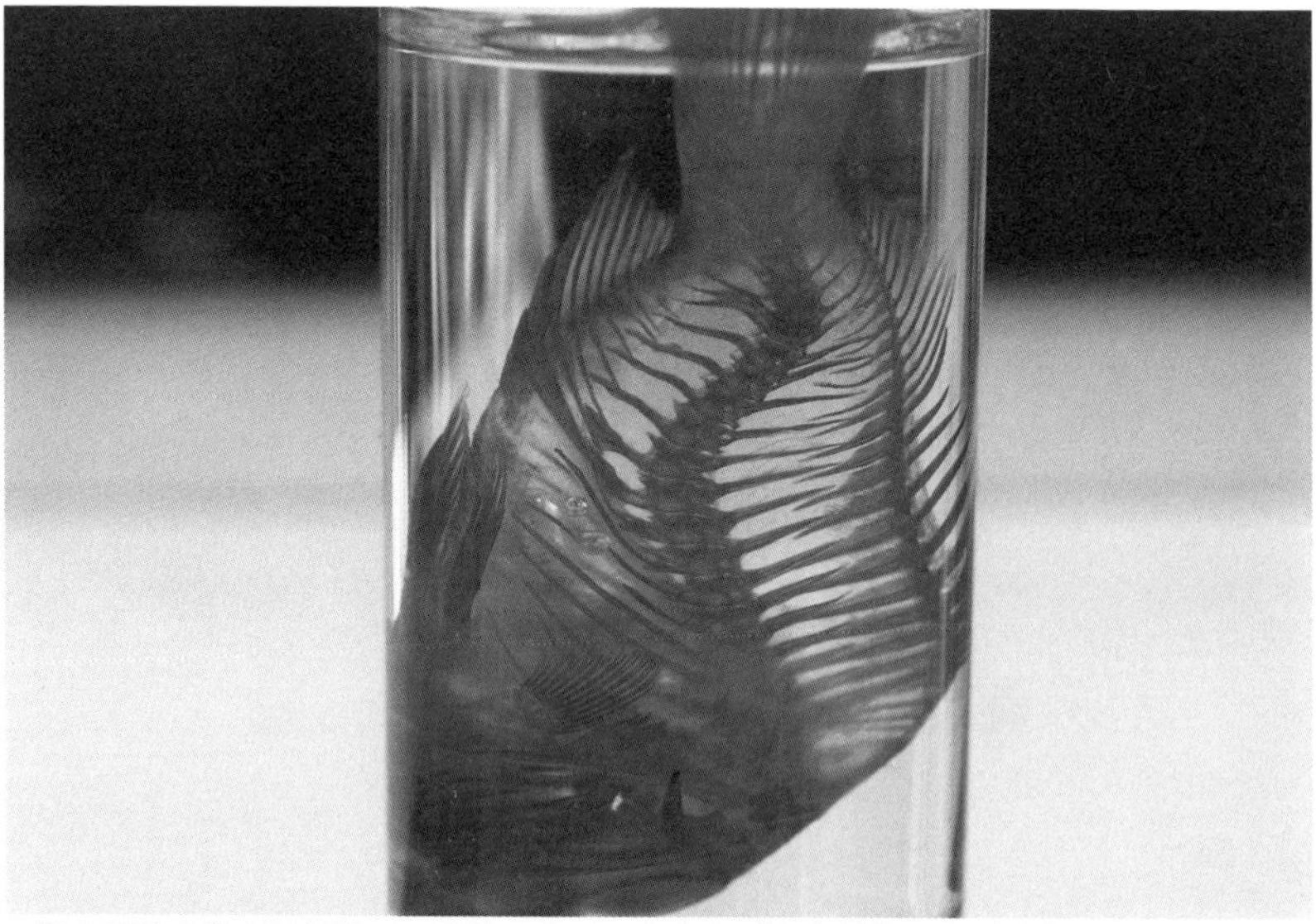
第２原発の排水口付近で、背骨の曲がったさまざまな種類の魚が大量に見つかった。

八三棟が、台北市を中心とした台湾北部で確認されている。その建物で被曝したのは一五八〇世帯一万人以上にもなった。二〇〇二年三月、台湾政府の「原子力委員会」を相手に被害者たちが起こした訴訟の二審判決があり、被害者が全面勝訴。政府は上告をせずに被害者へ謝罪し、七二〇〇万元（約二億七〇〇〇万円）の補償金を支払うことになった。

二〇〇一年三月、「第三原発」一号機で最悪の原発事故が起きた。炉心の冷却や機器の制御をするための電源が切れ、第一～四の予備電源までもが止まってしまったのである。事故発生から二時間後に第五の予備電源が手動で動いたため、高温になった炉心を冷やすことができたが、あと二時間電源が供給されなかったら炉心は溶融し、何百万人もの命が失われた可能性もあったという。

放射能汚染マンションで深刻な被曝をした王玉麟さん一家。被害者たちの代表として奔走した。

原発の重大事故は、その国だけでなく周辺諸国にも大きな被害を与える危険性がある。原発はまた、何万年もの管理が必要な放射性廃棄物を大量に出す。かつて核兵器開発を計画し、原発での重大事故を起こした台湾に、日本国内で売れなくなったからといって原発を輸出するのは「犯罪行為」に等しい。「第四原発」の一号機は、二〇〇六年夏の運転開始予定だ。

「負の遺産」に翻弄される陳水扁政権

「第四原発」は、極めて大きな台湾の政治課題となってきた。台湾における反原発運動を含む環境保護運動の歴史を、台湾最大の環境保護団体・「台湾環境保護連盟」の施信民会長（一九四七年生まれ）に聞いた。

「台湾では、環境保護運動と民主化運動

が同時に発展してきました。民主化運動と環境保護運動が始まった時期にはまだ戒厳令がありました。環境汚染の被害者たちは、自分たちが受けた被害を明らかにしたり抗議したりする勇気を持っていなかったのです。民主化運動の声を聞いて被害者たちはようやく立ち上がり、運動する方法も学びました。台湾で反原発の声が上がったのは一九八五年頃です。台湾の反原発運動は、政治や民主化運動と密接な関係があります。このことは日本との大きな違いです」

二〇〇〇年三月、反原発を掲げた「民主進歩党（民進党）」の陳水扁氏が総統選挙で勝利。原発建設を推進してきた「国民党」は敗北した。その年の一〇月、張俊雄・行政院長（日本の首相にあたる）が「第四原発」の建設中止を表明。立法院で多数を占める国民党などの野党はこの決定に強く反発し、二〇〇一年一月には工事再開を立法院で決議。台湾の政局が大混乱に陥っただけでなく景気の落ち込みなどが逆風となり、陳水扁政権は二月に建設再開を発表せざるを得なくなった。

台湾が脱原発に向かうことを「国民党」を含む野党も合意していた。稼動中の「第一〜第三原発」を順に廃炉にし、「第四原発」の後には原発建設をしないとの内容だ。深刻な原発事故が起これば、狭い国土の台湾は滅びてしまうことを国民全体が認識したからだ。ところが「国民党」はこの合意に消極的になりつつあり、「第四原発」の建設続行に強くこだわる。それには次のような理由があるという。

「第四原発を建設せざるをえない原因は『非常に多くの人が甘い汁を吸ったため』であり、その人たちは国内外に広がり、商業界のみならず政界にも及んでいる」（『中国時報』二〇〇

2000年11月、陳水扁政権の脱原発政策と「第４原発」建設中止の決定を支持する10万人デモが行なわれた。この時、野党の攻撃で揺らいでいた政権は、翌年２月に建設再開へと追い込まれた。

二年六月一五日付）と指摘するのは趙永清・立法委員（日本の国会議員にあたる）。

アジア諸国での原発、ダム、水力・火力発電所建設などの巨大事業では、その受注のために建設する国の権力者に対し多額のリベートが当然のことのように支払われてきた。「三菱商事と三菱重工業は平成七年（一九九五年）に、中国広東省の洙海石炭火力発電所の発電機やボイラーなどの建設をおよそ七〇〇億円で受注。関係者によると、この事業をめぐって三菱商事がおよそ四億円、三菱重工業が一億数千万円を香港の代理店などを通じて現地の有力者などに渡していた。（略）海外の企業グループとの受注競争に勝つために、巨額のリベートが支払われたものとみられている」（「NHKニュース9」一九九九年一一月一九日放送）

原発に関しても、「カナダ原子力公社」などから多額の賄賂を受け取った韓国の盧泰愚（ノテウ）前大統領（当時）は、一九九五年に逮捕されて失脚。アジアの国々への原発輸出は、その国の政権を腐敗させる危険性が高い。

台湾本島南端から東に約六〇キロメートルの海に、火山活動で造られた蘭嶼（ランユー）島という面積約四五平方キロメートルの小さな島が浮かぶ。島全体が濃い緑で覆われ、海岸にはさまざまな形をした巨大な岩が並び、変化に富んだ自然が実に美しい。

島の人口は約三一〇〇人で、その約九〇パーセントを先住民族のタオが占める。日本による植民地時代に「ヤミ」と名づけられたが、現在は「人」という意味の「タオ」を使う場合が多い。美しい装飾を施したタタラという名のカヌーで、トビウオやシイラなどを獲り、水田でタロイモを栽培して暮らしている。台湾の先住民族は漢民族への同化が進んでいるが、その中で伝統的な文化を守り続けてきた。石垣に囲まれた半地下式の住居や高床式の涼み台といった伝統的家屋が数多く残る集落もある。

この島の風光明媚な景色の中に、低レベル放射性廃棄物を保管する「台湾電力蘭嶼貯蔵所」がある。「第一～三原発」で出た低レベル放射性廃棄物は、それぞれの敷地内に二〇〇リットルのドラム缶で八万六三八〇本、蘭嶼島で九万七六七二本が保管されている。この「貯蔵所」は住民たちに「缶詰工場」と偽って建設され、一九八二年に放射性廃棄物の搬入を開始。

台湾は最初、低レベル放射性廃棄物は東シナ海へ海洋投棄する計画だった。ところが一九七五年に、廃棄物の海洋投棄を禁止する「ロンドン条約」が発効したために断念。次に、ロシアと朝鮮民主主義人民共和国に金を払って引き受けてもらおうとしたが、国際的な反対の声によって不可能になった。また、放射性廃棄物の詰まったドラム缶の腐食がひどく、詰め直さないと動かせないこともわかった。蘭嶼島の放射性廃棄物は二〇〇二年度末までに島から運び出すと「台湾電力」は島民たち

蘭嶼島には伝統的な家屋だけでなく、昔ながらの生活と文化も残っている。

に説明してきたが、その約束は守られなかった。

蘭嶼島には政治犯収容所の跡が残っている。窓に太い鉄格子の入った監房が草むらの中に続くようすは不気味である。「国民党」前政権は、台湾本島に置きたくない施設を、歴史的に差別・迫害され今も弱い立場に置かれている先住民族たちに押しつけたのだ。

「第四原発」建設中止と蘭嶼島の放射性廃棄物貯蔵所撤去は、総統選挙での陳水扁氏の公約だった。しかしそれは結果的に守られていない。「国民党」前政権が積極的に推進した原発政策。その「負の遺産」を引き継いだ陳水扁政権は、前政権から引き継いだあまりにも大

タオの長老シャプン・サロ・ソランさんは、集落の仲間たちと大きな伝統的カヌーを造っていた。その数カ月後完成時には盛大な祝いが行なわれたという。

蘭嶼島の低レベル放射性廃棄物貯蔵所。仮貯蔵所として建設された簡単な造りの施設内に、放射性廃棄物を詰めたドラム缶がビッシリと並ぶ。海際にあるため、汚染水が海へ流れ出る事故が起きた。

きすぎる課題に解決策を見出せずに苦悩している。

日本が誘導しているアジアでの原発建設

アジア諸国の電力消費は増加を続けている。中国や東南アジアで工業生産が伸び、韓国・台湾では家庭での消費が増えているためだ。欧米での脱原発の流れとは逆に、これからの発電方法としてアジアでは原子力を選択しようとしている。

「世界の原子力開発の動向　二〇〇一年次報告」によると、アジアで稼働している原発は二〇〇一年一二月現在、日本の五二基（現在は五三基・筆者注）を筆頭に、韓国一六基（建設中四基、計画六基・筆者注）、インド一四基（建設中二基、計画一〇基・筆者注）、台湾六基（建設中は第四原発の二基・筆者注）、中国三基（現在は九基・筆者注）、パキスタン二基。

中国は世界でもっとも多くの原発建設計画を持っている。二〇〇五年には二基が完成する。現在稼動している九基の発電量七一〇万キロワットを、二〇二〇年には一〇〇万キロワット級の原発を、二七基も建設しようというのだ。

「国際原子力機関（ＩＡＥＡ）は二六日、一九九〇年代後半以降に新規建設された原子力発電所の約七〇パーセントが中国、インドなどアジア地域に集中、こうした傾向はこの先も続き、アジアが最大の原発地域になる可能性があるとする報告書を発表した。（略）ドイツなど西欧の先進国を中心に脱原発の流れが進む一方、人口急増や地球温暖化対策に直面しているアジアやアフリカ諸国では、原子力発電が新たなエネルギー源として注目されており、ＩＡＥＡは『このスピードが続けば、二〇五〇年には原発の発電量が現在の四倍に達するとの予測もある』としている」。（「共同通信」二〇〇四年六月二七日付）

アジア諸国を積極的な原発建設推進へと導いたのは、日本を含む米国・フランス・カナダ・ロシア・韓国などの原子力産業による強力な働きかけによるものだ。しかも、それぞれの国の政府が積極的な後押しをしている。世界の原子力産業にとってアジアは、今や最大の市場なのである。

日本の原子力産業では合理化と再編が進んでいる。それは国内での原発の受注が減ったか

パワーシャベルとダンプカーで土砂を運び出している最中の「第４原発」２号機建設現場（1999年２月）。

１号機の建設現場。コンクリートを流し込むための鉄筋が組まれている（1999年２月）。

1号機の原子炉炉心部分で、鉄筋を同心円状に巻く作業が行なわれていた（1999年2月）。

らだ。二〇〇四年五月、経済産業省は原発の新増設を二〇一〇年度までに最大一三基という見通しを二〇三〇年度までに一〇基程度へと下方修正した。

日本の原発のほとんどを建設している日立・東芝・三菱重工の原子力部門は、配置転換などの人員削減を実施。また東芝と三菱重工の原子力専門の子会社は、親会社に吸収合併された。原発の建設と管理・運転に関して蓄積してきた技術は、新たな原発建設がなければ維持できない。瀕死状態に陥った日本の原子力産業の頼みの綱は、アジア諸国での原発建設だ。

日本政府は、「日米原子力協定」や「外国為替及び外国貿易管理法（外為法）」によって原発施設と技術の輸出を厳しく規制してきた。ところが一九九五年六月に、通産大臣のエネルギー政策の諮問機関・「総合エネルギー調査会」が、原発輸出を積極的に推進すべきとの報告書を発表。一九九九年一月には日本政府の原子力政策を決める「原子力委員会」が、原子炉を積極的に輸出することを決定した。日本政府は、原発輸出の解禁という政策転換を行なったのである。金のためにはリスクを犯しても仕方ないという考えだ。

二〇〇一年一一月には、「第二回アジア原子力協力フォーラム」が東京で開催された。加盟国は、日本・オーストラリア・中国・インドネシア・韓国・マレーシア・フィリピン・タイ・ベトナム。前年のタイでの「フォーラム」では、「発展著しいアジアで原子力平和利用のニーズが高まるのは当然」と大島理森科学技術庁長官（当時）は述べている。アジア諸国への原発輸出で、日本の原子力産業を生き残らせようというのだ。

一九八六年に起きたチェルノブイリでの原発の重大事故によって、原発事故での深刻な被害を世界中の人々が認識。そうした状況にもかかわらず、日本の原子力産業とそれを強力に後押しする政府は、アジア諸国に原子力発電を導入させるために精力的な働きかけを行なってきた。

「原子力委員会」は、アジア諸国から大臣級の代表を日本へ招いて「アジア地域原子力協力国際会議」を一九九〇年から開催。韓国や台湾で高揚する反原発運動への対策も重要な議題として話し合われた。二〇〇〇年からは、協力関係をより強化するとして九カ国が参加した「アジア原子力協力フォーラム」へと移行。

また、原発メーカーと電力会社がつくる「財団法人・原子力発電技術機構」と、電力会社一二社でつくる「社団法人・海外電力調査会」は、中国やベトナムなどの原発担当者を対象とした研修や日本からの専門家の派遣を続けている。日本の原発で研修すれば、日本製の原発を導入せざるを得なくなるからだ。

日本の原発メーカーは、今までに原子炉圧力容器・格納容器、蒸気発生器、タービン発電機、一時冷却ポンプといった部品を台湾・中国・韓国・パキスタンなどへ輸出。台湾へは、「第一原発」の圧力容器を日本製鋼、格納容器を日立が輸出してきた。次に、日本が開発した原発をまるごと輸出しようというのだ。

「第四原発」で使用するＡＢＷＲを共同開発した日立と東芝は、「ＡＢＷＲ推進機構」を一九九七年一月に設立。他の原子炉より価格の安いＡＢＷＲを積極的に海外へ販売しようとしている。

核のないアジアを目指して運動している「ノーニュークス・アジアフォーラム・ジャパン」世話人の宮嶋信夫さんは次のように語る。

「『原子力委員会』の計画書では、一九九五年から二〇一〇年までにアジア地域では三四〇〇万キロワットの原発が建設され、これは全世界の今後の原発計画の大部分を占め、数兆円～十数兆円の新規需要がアジアにあるとしています。アジア地域を原子力市場としていかに開拓するかが日本の原子力業界と政府の大きな課題になっているのです。日本の私たちがこれをやめさせることが、アジアの人たちから問われています」

日本による原発輸出は台湾以外に対しても具体的に進んでいる。ベトナムは二〇一七～二〇二〇年の間に、最初の原発の運転を開始する予定。南部のホーチミン市を中心とした地域

（上）台北で行なわれた「第４原発」建設中止を求めるデモでの「塩寮反核自救会」の人たち。
（下）蘭嶼島からは、伝統的な戦いの衣装を着たタオの人たちが参加した（2000年11月）。

に電力を供給するため、六〇～九〇万キロワットの原発一基を建設するという計画で、工費は約三〇億ドル（約三九〇〇億円）。東芝・日立・三菱重工が協力して受注を目指している。二〇〇一年四月にはハノイで、「ベトナム原子力委員会」が「原子力平和利用展示会」が開催された。原発をベトナムに導入するための政府・共産党関係者への宣伝の一環で、日本からは受注をめざす東芝・日立・三菱重工が参加した。

インドネシアでは、中部ジャワにムリア原発の建設を計画しており、二〇一六年の完成予定。朝鮮民主主義人民共和国では、「朝鮮半島エネルギー開発機構（ＫＥＤＯ）」による一〇〇万キロワットの加圧水型軽水炉（ＰＷＲ）二基が途中まで建設された。三菱重工がヨーロッパ最大の重電メーカーＡＢＢ（アセア・ブラウン・ボベリ）の米国子会社と原子炉、東芝と日立がタービン発電機を受注。現在は建設が停止しているが、核問題をめぐる六カ国協議の結果によっては建設が再開される。

アジアでの原発建設への日本の関りはプラントの輸出だけではない。一九九三年、インドネシアでの原発建設実現可能性調査に「日本輸出入銀行（現在の「国際協力銀行」）が融資。「国際協力銀行」は、一九九七年に中国の「秦山原発」第三期計画でのタービン発電機の購入資金への融資を決め、二〇〇〇年にはＫＥＤＯとアンタイドローン（貸付金の使途を限定せず運用の監督もしない外貨借款）の契約に調印。アジア諸国に日本製原発を購入させるため資金まで融資している。しかも「国際協力銀行」の金融業務での資金は、国民年金・厚生年金、郵便貯金・簡易保険を使っての財政投融資によるものだ。

「第4原発」建設現場のすぐそばに、「塩寮抗日記念碑」が建つ。
1895年、台湾を植民地支配するためにこの場所から日本軍が上陸した。

アジアの国々が原発を建設するためには多額の借款をしなければならず、債務がさらに増えることでその国の人々の生活を圧迫する。また原発建設は国策として推進されるため、それへの反対は政府によって激しい弾圧を受ける。その国の人権と民主主義が大きく侵害されることに原発輸出は加担することにもなる。

台湾の「太陽エネルギー学会理事長」・呉慶年さんは次のように語った。

「被爆国である日本は原発を輸出するのではなく、新エネルギーの技術開発でアジアに貢献してほしいのです。原発大国ではなく環境大国になってください」

日本がアジア諸国に対して行なうべきことは、太陽光・太陽熱・風力・バイオマスなどの持続可能で安全なエネルギーの開発、発電・送電でのエネルギー効率の改善や省エネルギーのための積極的な技術的・経済的な援助だろう。核兵器と原発のないアジアをつくるために、日本こそ中心的な役割を果たす必要がある。

「第四原発」のすぐ近くの海岸に、「抗日記念碑」が建っている。かつては軍隊を送り込んで台湾を植民地支配し、今度は危険な原発を売りつける日本。建設現場の住民たちは「原発輸出は第二の侵略」と強く批判する。経済的利益のために、アジアの民衆を踏みつけるという構造は今も変わっていない。「第四原発」の巨大な原子炉建屋が、第二の「抗日記念碑」になろうとしている。「ノーニュークス・アジアフォーラム」は「第四原発」へ原発輸出を行なおうとしている東芝・日立・三菱重工の製品ボイコットを呼びかけてきた。

すでに「第四原発」には、数十回にわたって原発の部品が専用港から搬入されており、漁民たちはたくさんの漁船を出して抗議を続けている。広島の県港を出た「第四原発」一号機は二〇〇三年六月二〇日に台湾へ搬入された。その際、「塩寮反核自救会」

2002年10月２日、ケタガランの代表の林勝義さんは、
「第４原発」建設の中止を行政院長に申し入れた。

は次のような声明を出した。

「二〇〇三年、東京電力の損傷隠蔽事件が起き、原発事業が嘘と特権、ブラックボックスの混合体であることを証明した。国内の原発安全問題がいまだに解決されていないにもかかわらず、日本政府は原子炉の輸出を許可し、輸出許可期限をたびたび先延ばししている。ここは私たちの先祖代々が伝えてきた土地である！　原子炉を乗せた船がこの埠頭に着く日。そのすぐそばにある日本軍上陸記念碑とともに、その原子炉は再び私たちの心に痛々しい傷を残すだろう！　日本が台湾に原発を輸出することは、私たちの心の中に恨みと恐怖を輸出することを意味する。あるいは悲劇を輸出するともいえる。これは、特定の原発企業の利益のために強行されるシナリオに過ぎない。私たちは日本政府と原発企業に対して、最も沈痛な抗議と怒りを表す」

　横浜港で積み込まれた二号機は、住民たちが「日の丸」を燃やして抗議する中を二〇〇四年七月六日に「第四原発」へ搬入された。目先の利益のために行なわれた原発輸出だが、いずれ大きなツケを支払わされる危険性が高い。これ以上の原発輸出はやめるべきだ。

第4章

世界遺産を破壊するウラン鉱山

●オーストラリア

「世界遺産」の中で操業するウラン鉱山

オーストラリアの北端にはカカドゥ国立公園が広がる。面積一万九八〇四平方キロメートルで、四国とほぼ同じである。この国立公園は、ユネスコ（国連教育科学文化機関）の「世界自然遺産・文化遺産」に登録されている。この地は太古から先住民族・アボリジニーたちの土地で、公園内には現在五〇〇人近くが暮らす。

カカドゥ国立公園は湿原と岩山というすばらしい景観が広がり、日本にも飛来する渡り鳥や、クロコダイル、ワラビー、オオトカゲといった野性動物の楽園である。また、アボリジニーたちが約二万年前から描き続けてきた無数の岩絵が残っている。これらが高く評価され、自然と文化の複合遺産として「世界遺産」登録がされた。

カカドゥ国立公園のいたる所で見られるアリ塚。この公園はオーストラリアでもっとも広く、日本人を含む年間約30万人の観光客が訪れる。

ところが公園入口でもらった地図を見ると、ウラン鉱山の鉱区が三カ所も記されている。すでに採掘・精錬をしているレンジャー鉱山、操業開始の準備が終わったジャビルカ鉱山、鉱山開発計画のあるクンガラ鉱山の予定地である。

このジャビルカ鉱山と操業中のレンジャー鉱山は、日本と強いつながりがある。ウラン鉱山と日本との関係を、カカドゥ国立公園でのウラン鉱山から考えてみたい。

ジャビルカ鉱山とレンジャー鉱山を上空から見た。延々と続く森林の緑の中に、赤土を露出させた鉱山が異様だ。鉱山から出る汚水を溜める巨大な鉱滓池が目立つ。ジャビルカ鉱山は坑道を使ってウラン鉱石を掘り出す方式だが、レンジャー鉱山は露天掘り方式である。しかも精錬工場があり、上空から見るとジャビルカ鉱山よりもはるかに規模が大きい。二つの鉱山の鉱区は接しており、合わせると南北約二五キロメートル、東西約六キロメートルにもなる。

「世界遺産」の真ん中で、ウラン鉱山が操業していたり、その準備を進めたことに驚かされる。ジャビルカ鉱山とレンジャー鉱山がその中にある理由は、国立公園と「世界遺産」に指定される前に、鉱山「開発」計画が決まっていたからだ。レンジャー鉱山は一九八一年に操業を開始し、ジャビルカ鉱山は一九九八年から工事を開始し、一九九九年六月に坑道は鉱脈に達した。この二つの鉱山を所有するのは「ＥＲＡ（エナジー・リソーシズ・オブ・オーストラリア）社」。この親会社は、世界最大の採鉱会社でオーストラリアと英国の多国籍企業の「リオティント社」である。

カカドゥ国立公園の岩山には、アボリジニーたちが描いた約3000の岩絵が残る。精霊・動物や、自然と暮らしてきたようすが描かれている。

「ERA社」の株式の一〇パーセントは、「日豪ウラン資源開発」という東京に本社がある会社が保有。この会社の設立にあたっては、関西電力五〇パーセント、九州電力二五パーセント、四国電力一五パーセント、そして伊藤忠商事が一〇パーセントを出資した。この会社は、「ERA社」がレンジャー鉱山で生産しているウランの約四〇パーセントを購入している。ジャビルカ鉱山からのウランを五〇パーセント以上は購入すると見られていた。

一一基の原発を稼働させている関西電力が海外から購入しているウランの約四〇パーセント、六基を稼働させている九州電力の約五〇パーセントがオーストラリア産である。「最大の顧客である日本の電力会社が買わなければオーストラリアのウラン産業は成り立たない」と京都精華大学環境社会学科の細川弘明教授は語る。

ウラン採掘と精錬で汚染される環境

ウラン鉱石は他の鉱物と比較すると含有率が〇・五〜〇・〇五パーセントと低いため、大量の鉱石を処理する必要がある。精錬作業では、ウラン鉱石を砕いて硫酸で溶かし、ウラン含有率が六〇パーセント程度の八酸化三ウラン（イエロー・ケーキ）を取り出す。この精錬作業の結果、大量のウラン残土とヘドロ状で放射能をおびた鉱滓が残る。ウラン鉱石に含まれているウランの約八五パーセントは取り出すことができずに廃棄されるのだ。八酸化三ウラン一トンを得るには、どんなに少なくても六〇〇〇トン以上もの残土と鉱滓という「核のゴミ」が出る。

上空から見たレンジャー鉱山。森林を剥ぎ取った広大な土地に巨大な施設が並ぶ。手前の鉱滓池は約２キロメートル四方。その奥には、露天掘りの鉱床や精錬施設が見える。

鉱滓には毒性の強いトリウム・ラジウム・ラドンや、カドミウム・鉛・銅・亜鉛・マンガン・水銀などの重金属も大量に含まれている。ウラン残土以外の精錬でのゴミはすべて巨大な鉱滓池に捨てられる。一九七九年、米国ニューメキシコ州で鉱滓池の堤防が決壊する事故が起きた。大量の廃液と鉱滓がプエルコ川に流れ込み、先住民族・ナバホが暮らす地域に深刻な汚染をもたらした。

レンジャー鉱山からの廃水にはカドミウム・鉛などの重金属と、ウラン・ラジウムなども含まれ、これらは食物連鎖によって濃縮されていく。二〇〇二年一月には、レンジャー鉱山から放射能が鉱区外に雨で流れ出る事故が起きた。そこにはアボリジニーのミラル・グンジエイッミ氏族たちが自然と共に暮らしているが、「ERA社」は事故の連絡をしなかった。

私は「ERA社」にレンジャー鉱山とジャビルカ鉱山の取材を申し込んだが、ジャビルカ鉱山については拒否された。そのためレンジャー鉱山だけを案内してもらった。構内では、鉱石を積んだ巨大なトラックが、砂ぼこりを巻き上げて走り回っていた。掘り出されたウラン鉱石はトラックに積まれたまま放射線量を測定され、使用・貯蔵・廃棄に分類される。広大な敷地内には、精錬される高品質のウラン鉱石だけでなく、ウラン含有量が低くて使われていない四五〇万トンものウラン残土が、野ざらしのまますず高く積み上げられている。ここからはラドンガスなどの放射能が発生しており、周辺に間違いなく飛散している。

事務所で、専門家たちから時間をかけて説明を受けた。それを聞き、たくさんのパンフレットを見て、「ERA社」が環境に配慮して鉱山を操業しようとしているのは良くわかった。

レンジャー鉱山の第3鉱床。縦横は約800×1000メートル、深さは200メートルもある。第1鉱床は採掘が終了し、鉱区の端にある第2鉱床は採掘しないという。

だが採掘・精錬による環境への影響を防ぎ切れているとはとても思えない。地下では安定した状態にあるウランだが、それを掘り出せばどんなに慎重な扱いをしても地上を汚染してしまうのである。被害の程度が、大きいか小さいかの差があるだけなのだ。

このレンジャー鉱山は、二〇〇五年までに操業を終えることになっている。現在の第三鉱床を掘り尽くすからだ。「開発」計画のあるクンガラ鉱山は、「フランス核燃料公社（コジェマ）」が採掘権を持つが、土地権者のアボリジニーが計画を拒否しているため「凍結」されている。

日本の原発のための新たなウラン鉱山「開発」は世界各地で進んでいる。そのことで大きな役割を果たしてきたのが、かつての「動力炉・核燃料開発事業団

「ERA社」のレンジャー鉱山事務所。壁には、この鉱山からウランを購入している「伊藤忠」のカレンダーが貼られていた。

（動燃）」である。一九六七年に、「原子燃料公社」から移行した。この「動燃」は一九九五年に高速増殖炉「もんじゅ」で重大事故を起こし、二年後には「東海事業所アスファルト固化処理施設」で火災爆発事故を起こした上に虚偽報告を行なった。その結果、一九九八年に「核燃料サイクル開発機構（核燃）」へと改組された。

世界各地での日本のためのウラン「開発」

オーストラリアのアーネムランドとカナダのアサバスカ地区は世界の二大ウラン鉱床地帯とされている。これらの場所に「動燃」は、カナダの準国営企業の「カメコ社」と「フランス核燃料公社」という世界の二大企業に次ぐ探鉱（有望な鉱床を探すこと）の権利を保有していた。

カカドゥ国立公園の東側には、面積約九万四〇〇〇平方キロメートルのアーネムランドが広がる。このアボリジニーの自治区には息を飲むようなすばらしい自然と生態系が残され、岩山には鮮やかな岩絵が数多く残る。「世界遺産」のカカドゥよりも、はるかに良好な状態で自然と文化が残されている。ところがこの宝石のようなアーネムランドの中でも「動燃」

カカドゥ国立公園内の東に広がるアーネムランド。観光客の立ち入りを厳しく制限しているため、極めて良好な状態で自然が残る。

はウラン探鉱を実施し、「世界有数の鉱床地域に位置し有望性が高い」とした。

またオーストラリアで「動燃」は、一九七八年から西オーストラリア州グレートビクトリア砂漠でアボリジニーのワンガジャ氏族の反対を無視してウラン探鉱を実施。しかも作業が終わっても、試掘孔と大量の残土を長らく放置したため環境が汚染されたという。そして、カカドゥ国立公園内のクンガラ鉱山では、一九八七年頃から放射性廃棄物の地層処分に関連する試験を「オーストラリア原子力科学技術機構」などと行なった。

「動燃」による世界各地での探鉱事業は、環境汚染をもたらしただけで事業としては成り立っていない。一九九九年七月五日付の「毎日新聞」で次のように報じられた。

「『動力炉・核燃料開発事業団』（動燃）

が、発足から一九九六年までの三〇年間に世界九七カ所で行った海外ウラン探鉱事業に国の出資金約七三〇億円を投じながら、一カ所も商業生産できず収益が全く上がっていないことが（一九九九年七月）四日、総務庁行政監察局の調べてわかった。（略）行政監察局によると、動燃はこれまでに▽北米三九▽オーストラリア二五▽アフリカ二三▽アジア五▽南米五の計九七カ所で探鉱調査を行った」。

「動燃の実施した探鉱プロジェクトのほとんどは、商業生産の段階には至っていません」と「核燃」も認めている。（『通販生活』二〇〇二年冬号に筆者が執筆した記事への二〇〇二年一一月一八日付の反論）。探鉱事業は「将来のわが国の資源セキュリティーの上で、引き続き重要な役割を果たすものと考えます」ともその反論の中で述べている。だが「動燃」による探鉱事業は、日本で原発が次々と建設されるという予測に基づいて実施されたものであり、また世界的にウラン需要の低迷が続いてきたため、結果としては無駄遣いに終わったのである。

「核燃」へと改組されると、ウラン探鉱事業を整理することを決めた。所有する有望な鉱床については、伊藤忠商事・海外ウラン資源開発・三菱商事・三菱マテリアルの四社連合に

カカドゥ国立公園内にあるクンガラ鉱山予定地。すばらしい岩絵が数多く残るノランジーロックの近くにある。

湿原の多いカカドゥ国立公園では、いたる所で野鳥の群れを見ることができる。約280種類もがこの公園内で確認されている。

探鉱権を譲渡。そして二〇〇二年六月には、アーネムランドの探鉱権を日本企業ではなく海外企業に譲渡した。

ウラン探鉱事業は、日本国内でも大きな傷痕を残した。「原子燃料公社」が国内での探鉱も実施したが、どこも経済的に採算が取れないために採掘は中止された。しかし、鳥取・岡山の県境にある人形峠では二二カ所に約二二万立方メートルものウラン残土が放置された。一般人が一年間に許容されている放射線量一ミリシーベートの三〇～四〇倍を地表で検出し、子どもたちが知らずに遊び場にしていた場所もあった。豪雨で残土が流れ出し、下流域の水田の稲からラジウムなどが検出されたこともある。

放射能濃度の高いウラン残土が置かれている鳥取県東郷町の方面（かたも）地区は、残土撤去を強く要求してきた。ところが、岡山県にある「動燃人形峠事業所」にその残土を運ぶという計画を岡山県が拒否。ウラン残土は行き場がなくなった。方面自治会が起こした訴訟は、一審・二審とも全面勝訴の判決を得た。ところが「核燃」が最高裁に控訴をしたため、ウラン残土の放置はさらに続くことになった。

岐阜県の東濃では一九六二年にウラン鉱床が発見され、探鉱事業が行なわれてきた。「核然」は二〇〇二年七月、その場所で高レベル放射性廃棄物の最終処分を深い地下で行なうための研究をする「超深地層研究所」建設に着工。「放射性廃棄物を用いる研究や、この地域を放射性廃棄物の処分場とするための研究ではない」と「核然」は表明している。だが、なし崩し的に処分場になることを危惧する地元住民たちは、研究そのものに強く反対している。

上空から見たジャビルカ鉱山。広大な敷地に建設された鉱山施設が、カカドゥの自然を大きく破壊した（1999年５月）。

拡大する環境汚染と健康被害

二〇〇二年の九月上旬、ジャビルカ鉱山でのウラン採掘が事実上中止になったというニュースが飛び込んできた。その土地を所有するアボリジニーたちの強い反対と国際的な抗議の声によって、明日にでも操業できる状態の鉱山が採掘しないまま閉鎖されたのだ。その後、アボリジニーたちの要求によって一・八キロメートルの坑道は、掘り出した岩石やウラン含有鉱石で埋め戻され、在来樹種の植林が行なわれて原状に復元された。

ジャビルカ鉱山の操業は中止になったものの、世界中でウラン採掘は続いている。世界でウラン埋蔵量が

イボンヌ・マルガルラさんは、アボリジニーのグンジェイッミ
氏族代表。ジャビルカ鉱山の土地権を所有するが、そこに立ち
入って「不法侵入」として逮捕され、有罪になったこともある。

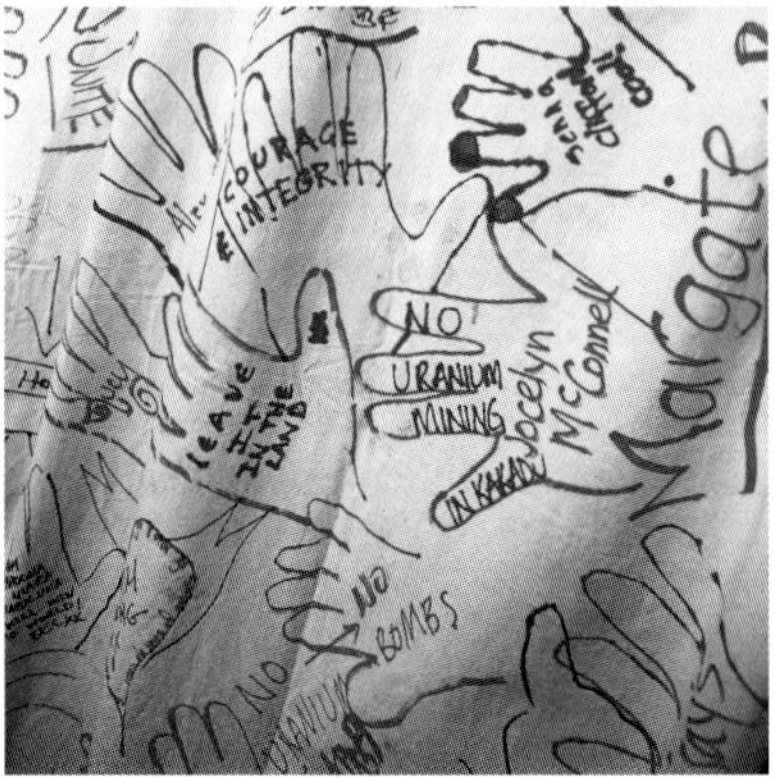

グンジェイッミ氏族の事
務所には、世界各地から
贈られた激励の寄せ書き
などが掲げられている。

もっとも多いのは二一パーセントを占めるオーストラリアで、八九万五〇〇〇トンU（八酸化三ウランに換算したトン数を表す単位）。次いでカザフスタン・カナダ・南アフリカ・ナミビアと続く。ウラン生産国は、約三〇パーセントのカナダを筆頭に、オーストラリア・ニジェール・ナミビア・ロシア。

どの生産国においてもウラン採掘と精錬は、先住民族が暮らす地域で行なわれることが多い。米国ニューメキシコ州などのナバホたちは、危険性を知らされずにウラン鉱山で働き、四〇〇人近くがガンなどで死亡。インドのビハール州にあるジャドゥゴダ鉱山の周辺で暮らすサンタール、ホー、ムンダの人たちは、ずさんな鉱山の操業によって悲惨な状態に置かれた。

日本は原発で使用するウランの全量を輸入に頼っている。もっとも多いのはカナダからで二八パーセント、そしてオーストラリア一七パーセント、イギリス一五パーセント、米国九パーセント、ニジェール九パーセント、南アフリカ七パーセント、フランス六パーセント、中国一パーセント、その他八パーセントとなっている。

人種差別・隔離政策が行なわれていたナミビアから天然資源を持ち出すことが一九七四年～一九九〇年まで国連決議によって禁止されていた。ところが日本の電力業界はそれを無視し、ひそかにナミビアからウランを輸入していたこともあった。

日本の民間企業は現在、日本の原発で使うウランを確保するため、オーストラリアの他にカナダとニジェールでウラン鉱山の経営に参加している。カナダのサスカチュワン州北部ウォーラストン湖周辺には七カ所のウラン鉱山があり、日本で使うウランの約三〇パーセントを採掘している。ここで暮らす先住民族のディネやクリーの人たちは、ウラン鉱山によって健康被害を受けただけでなく、定住生活を余儀なくされたため狩猟・漁労・採取といった伝統的生活が急速に破壊されてしまった。ここのウラン鉱山の一つのシガーレイク鉱山は世界最大級で、出光興産と東京電力が経営参加している。また、「海外ウラン資源開発」は、一九九九年に生産を開始しているマクリーン鉱山と、「開発」の準備をしているミッドウエスト鉱山に参加している。

アフリカのニジェールでは、先住民族で遊牧民のウォーダベがウラン採掘のために土地を追われている。「海外ウラン資源開発」は、アクータ鉱山を操業している鉱山会社に出資している。

こうした日本企業による世界各地でのウラン「開発」への参加と、カナダ・英国などからの購入によって、日本の原発で使うウランは確保されてきた。

日本の原発での発電量は、二〇〇二年七月現在で約四五七四万キロワット。原発で使用したウランの量は、一九九七年が約六九〇〇トンU、二〇〇〇年には約九六〇〇トンU。日本は二〇一〇年までに、原発での発電量を現在よりも三〇パーセント増やそうとしている。その年には一万三〇〇〇トンUが必要との予想のもとに探鉱・鉱山「開発」と購入の計画が立てられている。つまり日本の原発を稼動させるために、環境汚染と住民の健康被害がさらに増えるということだ。

「日本がウラン輸入を続けることで、単に国内の原発の維持にとどまらず、アジア各国

カカドゥ国立公園内のマムカラ・バード・サンクチュアリ。さまざまな鳥たちだけでなく、ボートの回りではクロコダイルが泳いでいた。

（具体的には中国・台湾・タイ・インドネシア・フィリピン・ベトナム・トルコなど）への原発拡散を支えてしまう」（「豪州ウラン開発問題と日本の関わり1」『環境と正義』一九九九年一〇月号）と細川教授は指摘する。世界の潮流が脱原発へと向かう中、大量のウランを消費する日本がウランの「開発」・供給体制を支えており、それらの国が原発建設を今から開始してもウランは確保されるからだ。

米国が広島・長崎に投下した原子爆弾で甚大な被害を受けた日本。だが、原発の稼動を続ける限り、ウラン鉱山周辺の環境とそこで暮らす人々に対しては「核」での加害者である。

■第3部　熱帯やシベリアの森林を消す日本

第5章　大量消費される熱帯林●インドネシア

緊迫の工場撮影

丸太を満載した大型トラックが、同じ方向へと連なって走る。そのトラックの後をついて行き、巨大な製紙工場の荷物搬入口の前に車を止めた。木材が搬入される様子を撮影するためだ。搬入口まで三〇メートルほどある。敷地の奥には、「ＩＫＰＰ」と書かれた大きな建物が見える。「Ｉｎｄａｈ　Ｋｉａｔ　Ｐｕｌｐ＆Ｐａｐｅｒ（インダ・キアット社）」の略である。

窓を少しだけ開け、車の奥から望遠レンズで狙う。打ち合わせもしていないのに、地元で雇った運転手は車から降り、ボンネットを上げて点検しているフリを始めた。ここに車を止めること自体が「危険」なのだ。地元住民にとってこの工場は、威圧的な存在なのだろうか。

天然林材を積んだトラックが「インダ・キアット社」ペラワン工場へ入って行く。それを撮影していると、二人の守衛がこちらへ向かってやって来た。

工場の中へ次々と入って行く大型トラックに積まれた木材には二種類あるのがひと目でわかる。枝がついたままの細いアカシア・マンギウム（以下、アカシア）の植林木と、それよりはるかに太くて枝をすべて払った天然林木である。

撮影を始めてすぐ、守衛二人がこちらへ向かって歩いて来た。見つかったのだ。運転手は車外なので車を出すこともできない。私は居直って撮影を続けた。車の近くまで来た守衛たちは、私が外国人であるのがわかると何も言わずに戻って行った。カメラを向けていたのが自国民であれば、ひと悶着あったのだろう。

パソコンとインターネットの急速な普及に伴い、ＰＰＣ（普通紙使用コピー機）用紙の使用量が増大している。

だが、需要が増えているにもかかわらず、コピー用紙は一昔前と比べるとずいぶん安くなった。以前からそれを不思議に思っていた私は、その理由を探るためインドネシアのスマトラ島中部へやって来た。

消える熱帯林と増大するコピー用紙需要

世界の森林面積は三八・七億ヘクタール。その四七パーセントが熱帯林で、北方林三三パーセント、温帯林一一パーセント、亜熱帯林九パーセントと続く。熱帯林には、地球上の生物の半数が生息する豊かな生態系があり、また莫大な量の二酸化炭素を蓄えている。

その熱帯林の減少が止まらない。「国連食糧農業機関（ＦＡＯ）」は、世界における天然林の減少は一九九〇年からの一〇年間で一六一〇万ヘクタールに達し、そのうちの一五二〇万ヘクタールは熱帯林と発表した。世界の熱帯林の約一〇パーセントを占めるインドネシアでは、森林総面積がこの五〇年間で一億六二〇〇万ヘクタールから九八〇〇万ヘクタールにまで減少。現在、一年間に三八〇万ヘクタールが伐採されている。世界の熱帯林を危機的状況に陥れた主な原因は、森林再生が困難な乱暴な伐採や違法伐採などを止めることができないからだ。

どの国でも森林伐採は法律によって規制している。それは環境破壊や財産損失を防ぎ、森林を再生可能な方法で管理するためだ。ところがインドネシアでは、違法伐採が森林破壊のもっとも大きな原因となっている。この国で伐採されている木材の七三パーセントが違法な

険しい峠にかろうじて残っている熱帯原生林。もはや、木材の搬出が困難な場所にしか原生林はない。

ものとの調査結果がある。インドネシアでの違法伐採はスハルト政権時代から行なわれていたが、一九九八年にその政権が崩壊したことによって森林管理ができなくなり、伐採に拍車がかかった。

インドネシアの熱帯林は危機的状況にある。二〇〇三年六月、インドネシアのプラコサ林業大臣は「年平均一六〇万ヘクタールが劣化・減少し、累積で四三〇〇万ヘクタールの森林が失われた」と述べた。スマトラ島の低地林は、一九九〇年から二〇〇一年の間に約六〇パーセントが失われ、二〇〇五年までに消滅すると言われている。森林の急速な減少によって、森林に依存して暮らしている人たちが大きな影響を受けている。また、保水力を持つ森林の消失で、洪水がひんぱんに起きるようになった。

私が訪れたスマトラ島中部のリアウ州は、一九八五年に六二七万ヘクタールだった森林が、二〇〇二年には三二九万ヘクタールへと半減。そのため、ここに生息するスマトラトラやアジアゾウといった希少動物が絶滅の危機に瀕している。

インドネシア政府は一九八五年に自国産業保護のために丸太輸出を禁止したが、一九九八年に「ＩＭＦ（国際通貨基金）」の勧告を受けて輸出規制を緩和。このことが、違法伐採が拡大する一因となった。二〇〇一年一〇月、違法な伐採と輸出を防ぐために丸太輸出が再び規制された。

輸出される木材製品は、丸太禁輸以降は合板が中心となっていたが、今ではその工場の多くは閉鎖され、製紙のためのパルプ生産が急速に増えている。インドネシアでのパルプの年間生産量は一九八八年に六〇万トンだったのが二〇〇二年には五九〇万トン、紙生産量は一二〇万トンが八三〇万トンへと拡大した。

森林の保全・持続的利用を目的に設立された国際研究機関「国際林業研究センター」によれば、一九九九年におけるインドネシアの紙・パルプ原料は、天然林伐採による木材が八〇パーセントで、植林木はわずか二〇パーセントという。

こうしたインドネシアの紙とパルプが、日本でも大量に使われている。インドネシアを中心とした海外から日本へのコピー用紙の輸入量は、一九九七年頃から増大した。一九九六年の輸入量は二万五九〇〇トンで、そのうちインドネシアからは約半分の約一万三二〇〇トン。それがうなぎ登りに増えており、二〇〇二年の輸入量は約二六万二六〇〇万トンで、インドネシアからはその約八二パーセントにあたる約二一万四六〇〇万トンとなった。このインドネシアからの輸入量の八五～九〇パーセントが、「ＡＰＰ（アジア・パルプ・ア

ペラワン工場から、昼食のために自宅へ戻る従業員たちが一斉に出てきた。

ンド・ペーパー）社」の製品なのだ。

「ＡＰＰ社」は、インドネシア第二の華僑財閥シナルマス・グループ（ＳＭＧ）の紙パルプ製造部門である。本社をシンガポールに置き、インドネシアに六工場、中国に五工場を持つ。二二〇万トンのパルプ生産能力と四四〇万トンの洋紙・板紙の生産能力を持つなど、日本以外ではアジア最大の製紙会社である。

「ＡＰＰ社」の中核企業が、「ＡＰＰ社」が五八パーセントの株式を保有する「インダ・キアット社」。スマトラ島とジャワ島に三工場を持つ。二〇〇一年の売上高は一一億二〇万ドル（約一三二〇億円）。インダ・キアット社は「ＡＰＰグループ」のパルプ生産能力の七二パーセントを占めており、「ＡＰＰ社」傘下の各社にパルプを供給している。「インダ・キアット社」による年間のパルプ生産量はインドネシア全体の約四〇パーセントにあたる二五〇万トン、紙生産量は年間三七五万トン。私が取材した「インダ・キアット社」ペラワン工場は、リアウ州で従業員約九〇〇〇人がパルプ、紙・板紙を製造している。

「ＡＰＰ社」は海外を主な市場としており、二〇〇二年には、コピー用紙一九万トン、印刷用紙八万トンを輸出している。そのコピー用紙の約二〇パーセントが日本向けである。「ＡＰＰ社」にとって日本は、重要な市場なのだ。その「ＡＰＰ社」の紙を日本で販売しているのが「エイピーピー・ジャパン社」。「ＡＰＰ社」五〇パーセント、伊藤忠商事五〇パーセント出資の合弁企業である。「ＡＰＰ社」のコピー用紙は『エクセルプロ』『ワイドプロ』のブランドで、量販店や通販会社が主に扱っている。

輸入コピー用紙の、日本国内における市場占有率は二〇〇三年一〜六月期には、実に二

ペラワン工場排水口のすぐ下流に並ぶ住居。住民たちは川岸に家を建て、川に依存した暮らしを昔から続けてきた。

七・一パーセントにもなった。その一方で、輸入コピー用紙の一キログラムの価格は、一九九六年に一六三円だったのが二〇〇二年には九七円にまで下がっている。リアウ州では「インダ・キアット社」の他に、「ＡＰＲＩＬグループ」の「ＲＡＰＰ社」が操業しており、この二社だけでインドネシアでのパルプ生産量の約六〇パーセントを占める。日本で安いコピー用紙が出回るようになった理由は、インドネシア製の安い紙が大量に輸入されるようになったからだ。

日本の主要な紙・パルプ会社によって構成されている日本製紙連合会は次のようにコメントする。

「増大する輸入ＰＰＣ用紙の日本製紙業界の具体的影響は、安価な輸入品の増加により販売価格が下落していること、ＰＰＣ用紙の国内生産が縮小に追い込まれ、その対応として、古紙を使用した再生紙のＰＰＣ用紙の生産に転換することを余儀なくされたことです」

消費者にとって安い商品は歓迎だが、その製造に大きな問題があれば看過できない。

「インダ・キアット社」による住民被害

「インダ・キアット社」ペラワン工場は、シアク川の川沿いにある。工場廃水はこの川に流され続けてきた。工場にも近いピナン・スバタン村の有力者・ユノスさんは、廃水問題に取り組んでいる。

「この川で多くの漁民たちが漁をし、住民たちが水浴びや洗濯をしてきました。飲み水にしている人もいます。ところが工場の操業が始まると漁獲量は激減し、時には大量の魚が死んで浮かび上がったんです。川岸に住む人たちの九〇パーセントは漁師でしたが、今では一パーセントしかいません」

ユノスさんに、小型ボートで案内をしてもらった。下流に向けて出発してすぐ、工場の施設が左側に現れた。何隻もの大型木材運搬船が接岸しており、膨大な量の木材が岸壁に積み上げられている。次に現れたのは、製品の紙を海外へ運ぶための色とりどりのコンテナの山。トラックが運んできた紙を、コンテナに積み込もうとしている。

そして工場のすぐ下流には、たくさんの住居が川岸に並んでいる。上陸して住民から話を聞くことにする。ボートをつけた場所にいた四五歳の男性は次のように語った。

大量の木材が、トラックだけでなく運搬船も使ってペラワン工場へ運び込まれる。

ペラワン工場から海外へ向けて輸出される紙が、大型コンテナに積み込まれている。

「工場に廃水の浄化装置ができるまでは、川の水はもっと茶色で酸っぱい味がし、川へ入ると体が熱くなるほどひどかったよ。住民たちに下痢・嘔吐や湿疹が出たにもかかわらず、『インダ・キアット社』は住民たちに補償を払っていないんだ」

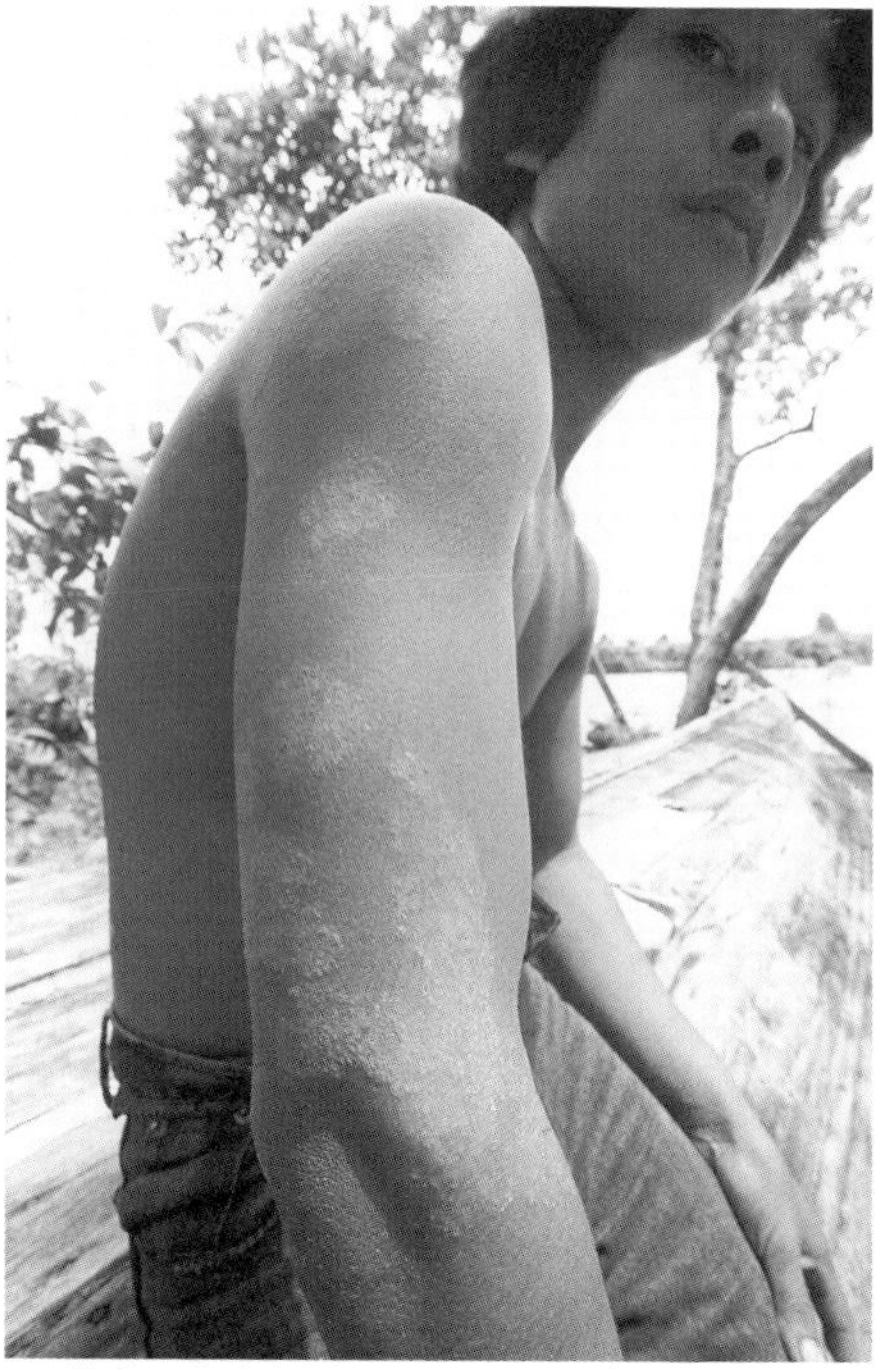

若者の背中と肩にはひどい湿疹が出ている。水質は悪化したものの、川での水浴びをやめることは暑い地域ではできない。

「今でも湿疹が出る人はたくさんいる」とユノスさんは言って、ある若い男性を呼んで来た。肩から背中にかけての広い範囲に湿疹が出ている。工場廃水の処理はまだ不十分ということなのだろうか。「安くても『APP社』の紙を買うのは止めてください。この紙を使うほど、私たちの被害が大きくなるからです」と住民の一人は訴える。

次に車で、ペラワン工場の前を通り過ぎて、工場周囲に広がる植林地を見に行く。車窓には同じ景色が延々と続く。植林地にはアカシアだけしか植えられていない。ブロックごとに成長が異なり、人間の背丈ほどのものから、三〇メートルほどの高さまで草のようにヒョロ

「アララ・アバディ社」の植林地で伐採作業を見た。草のように細長いアカシアは、アッという間に伐り倒されていく。

ッと伸びたものまでとさまざま。この植林地は、「インダ・キアット社」にパルプ生産用の植林木を供給するため、「アララ・アバディ社」が管理している。「インダ・キアット社」と同じ「シナルマス・グループ」に属しており、実質的には「インダ・キアット社」の植林部門である。ペラワン工場の周辺に約三〇万ヘクタールの植林許可を得ている。

インドネシア政府は、紙・パルプ産業への持続的な木材供給のためとして植林を進めてきた。製紙会社に四九六万ヘクタールの植林権を与えているが、実際に植林が行われたのはその約二四パーセントだけ。植林は天然林を皆伐してから実施される。植林が進んでい

「アララ・アバディ社」の植林地。住民たちの暮らしを
支えてきた天然林が、アカシアの畑にされてしまった。

伐採したアカシアを満載した「イン
ダ・キアット社」の大型トラック。

ない現状を見れば、製紙会社は天然林の木材を得るのが目的で植林権を取得したとしか考えられない。

「インダ・キアット社」周辺の広大な植林地のいたる所で伐採作業が行なわれている。このアカシアは、植えられてから約六年で伐採される。ある現場の若い責任者に話を聞くと、「四人一組になり、一日に二五トンを伐り出している。年ごとの伐採量はあまり変化していない」と語った。天然林での伐採量を減らすためには植林木の量を増やす必要があるが、現状ではその方向に向かっていないようだ。「インダ・キアット社」が使う木材を「二〇〇七年には全量を植林木にすることを検討している」と「ＡＰＰ社」はいう。だが、国際林業研究センターは、「インダ・キアット社が使う植林木は二〇〇〇年で二五パーセントしかなく、残りは天然林を皆伐して得ており、二〇〇五年になっても植林木は五〇パーセントに満たない」と推測する。

「アララ・アバディ社」の広大なアカシア植林地は、鬱蒼とした熱帯原生林を皆伐して造られた。ここで暮らすのは先住民族のサカイ。彼らは熱帯林の中で焼畑農業を営み、樹上に家を造って暮らしてきた。石油開発や大規模なアブラヤシ農園の造成で土地を追われたことのある彼らは、アカシア植林でも被害を受けている。村を回って住民たちから話を聞いた。誰もが、「アララ・アバディ社」は「インダ・キアット社」と同じと捉えている。

「インダ・キアット社」にも近く、植林地に囲まれたマンディアギン村。村長だったダルウスさんは次のように語った。

「かつて私たちは、ゴム・ヤシ・マメなどを栽培していました。ドリアンやマンゴスティンといった果物も採れ、生活は楽でしたよ。『インダ・キアット社』は『政府に金を払った』として村の共有地を取り上げようとしました。二〇〇〇年一一月、会社から約六〇〇人がトラックでやって来て村人たちを襲ったんです。家が壊され四人が重傷を負いました。そして会社は私たちの森を勝手に伐り、アカシアを植えてしまったんです」

さらにその奥にあるガル村へ行った。この村には四〇世帯の先住民族・サカイが暮らしている。「インダ・キアット社」の回し者と間違えられると危険、と聞いていたので用心して村に入る。長老のムーティさんに訪問目的を説明してから話を聞いた。

「生活に必要なものはすべて森から得ていました。『植えたアカシアを一回だけ伐ったら土地は返す』とインダ・キアット社が約束したので、伐採後にキャッサバなどの農作物を植えました。ところが、銃を持ってやって来た一〇〇人の警察官に耕作をやめさせられたんです。共有地を盗られ、自由に使える森がなくなった今では何の仕事もありません。森を返してもらわないと生活できません」

話をするムーティさんの横で、小さな女の子が皿に盛ったキャッサバの白い粉をそのまま手でつかんで食べ続けている。味付けはされていない。この地方では何も食べるものがなくなった時、庭へ植えておいたキャッサバを食べるという。ここの住民たちは、かなり悲惨な状態に置かれている。法律的な手続きはどうであれ、「インダ・キアット社に騙された」と住民たちは思っており、森林を失ってからかなりの貧しい生活に陥ったことは確かだ。「インダ・キアット社」は私が訪れた二カ所以外の村々でも、警察をも動かして極めて住民から

ガウ村で暮らすサカイの人たち。自分たちの森を失い、若者たちも仕事がない。

暴力的に森林を取り上げてきたという。

天然林を伐採する方法は、建築・家具材などのためには必要な木だけを抜き出す択伐だが、製紙ではすべてを伐り倒す皆伐である。どんな樹種、どれほど細い木であっても、砕いて木材チップにしてしまえば同じだからである。製紙会社は、皆伐した跡をアカシアやユーカリなどを繰り返して栽培する「畑」にしているが、これは長い年月をかけて形成された多様な樹種からなる天然林とはまったく別のものだ。いったん植林地にしたならば、元の森林に戻すことは極めて困難である。

アカシアやユーカリを植えるのは、成長が極めて早いからだ。植えてから一〇年もしないうちに伐採が可能になる。だが、熱帯林を伐採してアカシアやユーカリなどの単一樹種の植林地に変えることに、世界各地で強い批判が起きている。熱帯林は豊かな生態系を育んでおり、住民たちは生きるために必要なもののすべてを熱帯林から得て暮らしてきた。それはインドネシア以外の国でも同じである。

パプアニューギニアの「死の森」

濃い緑の中に血が流れた跡のような無数の赤い筋が飛行機の窓から見える。それは、森林伐採のためにブルドーザーで赤土を剥き出しにされた道路だ。ここは、パプアニューギニアのニューブリテン島上空。

パプアニューギニアは、世界で二番目に大きな島であるニューギニア島の東半分と約六〇〇の島々から構成されており、面積は日本の約一・二倍。哺乳類二一五種、鳥類約一六〇〇種、昆虫五万種以上、植物約三〇〇〇種以上にもなる自然の宝庫だ。国民の多くが森林に頼って暮らしている。

ところが豊かな生態系を育んでいるパプアニューギニアの森林が深刻な事態にある。かつての原生林の六〇パーセントが消滅し、残りの八四パーセントが危機的状況だという。

パプアニューギニアから輸出される木材の五五パーセントを、マレーシアの「リンブナンヒジャウ社」一社で占める。この企業はマレーシアの熱帯林を伐採し尽くした後、パプアニューギニアとインドネシアで伐採事業を開始。パプアニューギニア政府の中枢と密接な関係

パプアニューギニアでも森林伐採が急速に進む。太い天然林材が積まれている。

パプアニューギニアのニューギニア島で、日本の製紙会社による伐採が行なわれていた。伐採跡にユーカリを植林するため火が放たれる。

を持ち、やりたい放題の最悪の違法伐採を行なっているのだ。

パプアニューギニアのそうした木材を、日本は中国に次いで大量に輸入している。二〇〇二年の輸入量は約四〇万立方メートル。これらは、ベニヤ合板や紙製品といった使い捨ての製品に加工されている。

「日商岩井株式会社、丸紅株式会社、晃和木材株式会社、住友林業株式会社、日本製紙木材株式会社、津田産業株式会社、マーカム株式会社などの商社や原木販売業者の七社を筆頭に、合板製造企業などがパプアニューギニアの違法および破壊的伐採に起因した木製品の主要な市場となっている」(「パプアニューギニアの原生林破壊に関わる日本市場」グリンピース・ジャパン、二〇〇四年)。

パプアニューギニアから日本へ輸出される林産物の約八五パーセントは原木で、残りのほとんどは製紙用の木材チップである。「王子製紙」の子会社である「JANT社」が伐採とチップ製造を行ない、日本へ運んでいる。

私が見た「JANT社」による伐採現場は、広い範囲にわたって色鮮やかな赤土が剥き出しになっていた。その中に、たくさんの大きな切り株だけが残っているのが生々しい。森林伐採というよりは「森林への皆殺し」という言葉がふさわしい。そこにできていた水溜まりにはボウフラが泳いでいた。どこの伐採地でも、ハマダラカの繁殖によってマラリア患者が増加している。

アジア太平洋戦争中、ニューギニアは日本軍と連合国軍との戦場になり、多くの日本兵が餓死。日本兵は住民たちを殺して食べたりもした。滑走路建設などのために、たくさんの住

ベルトコンベアから落ちた製紙用木材チップ。パプアニューギニアで木材チップに加工されて日本へ輸出される。

民が奴隷労働を強要された。そうした日本が、今度は住民にとってかけがえのない熱帯林を食い尽くしているのだ。

「日本の製紙メーカーでは、より原料の安定供給を確保するために、『育てる原料』への取り組み、海外植林事業を積極的に展開しています」と、おもな紙・パルプ会社でつくる「日本製紙連合会」は植林事業を盛んに宣伝している。日本国内で一三万ヘクタール、海外九カ国で三五万ヘクタールを二〇〇二年末までに植林しており、二〇一〇年までに五五万ヘクタールにする計画という。

だが私が訪れた「JANT社」のユーカリ植林地は、鳥たちの鳴き声もまったく聞こえない「死の森」だった。パプアニューギニアの人々は、狩猟・農耕や木の実などを採取し、森が生み出す清流を飲み水とし、原生林によって支えられている豊かな海で漁をするといった、はるか昔から受け継いできた熱帯林に依存した生活を続けている。

ところが植林されたユーカリやアカシアは、成長が早いために大量の水分と養分を吸収するため、住民の主食であるタロイモやヤムイモなどは育たず、食用にしている動物たちも減少した。ユーカリなど単一樹種の森は、生態系を破壊し住民たちの生活を脅かしている。

2000年には「インダ・キアット社」の従業員約600人が、土地を取り上げるために村人を襲った。負傷者が出たことを伝える当時の新聞。

止められない違法伐採

「当社商品は全て森林マネジメントされた植林木パルプを使用しています」と、「エイピーピー・ジャパン社」の以前のホームページに記されていた。つまり、天然林材の使用さえも否定していた。

熱帯林を守る活動をしている「熱帯林行動ネットワーク（ＪＡＴＡＮ）」は、「インドネシアの紙・パルプ会社の中でも、ＡＰＰグループとＡＰＲＩＬグループからの製品に大きな問題がある」とし、次の点を指摘する。

１　熱帯林を皆伐していること。保護価値の高い森林も皆伐され、環境への影響は甚大。
２　原料のほとんどが天然林材であること。インダ・キアット社の二〇〇〇年の木材需要のうち、植林木の割合は約二五パーセントで、約七五パーセントは天然林を皆伐して得られたもの。
３　地域住民との土地をめぐる対立や暴力事件が起きていること。
４　古紙をまったく使っていないこと。

問題はそれだけではない。「インダ・キアット社」が製紙の原料としている天然林木には違法伐採によるものが含まれている。違法伐採には、無許可での伐採である盗伐と、伐採許可条件から外れた地域や伐採量の伐採などがある。何とインドネシアでは、ほとんどの国立公園や森林保護区においても違法伐採が横行している。

二〇〇三年一一月、スマトラ島北部で大規模な鉄砲水が起き、死者・行方不明者は二七〇人を超えた。その原因は、国立公園の二二パーセントもの面積で行なわれた違法伐採だった。「国際林業研究センター」は、一九九四年から五年間の紙・パルプ原料の約四〇パーセントが違法伐採によるものだったと推測している。

ペラワン工場にも近いタマン森林保護区へ行った。観光客を装って入口の前にある管理事務所に寄り、車で中に入る許可をもらう。鬱蒼とした森を五分ほど走ると周囲が急に明るくなった。車から降りるとたくさんの大きな切り株が目に飛び込む。違法伐採された跡だ。乱暴な方法で片っ端から伐ったことがひと目でわかる。

しかもチェーンソーの大きな音がすぐ近くから聞こえる。白昼堂々と、盗伐が行なわれているのである。なんと管理事務所は、この違法伐採を黙認しているのだ。その理由を、私に同行する環境ＮＧＯスタッフは「賄賂がまかり通り、違法伐採には警察や軍が関与しているから」と説明した。「ここで伐られた木材はどこへ運ばれているのか」と聞くと、「ここからもっとも近い製紙会社の『インダ・キアット社』しか考えられない」と語った。

私は、違法伐採をしているようすを撮りに行こうと歩き始めた。すると、道で出会った植林業者に制止された。彼は違法伐採された跡に植林をしているのだという。「二カ月前、違法伐採を撮影しようとしたドイツ人写真家が襲われ、撮影機材のすべてを奪われたんだ。行くのは極めて危険」と言うのである。チェーンソーだけでなく、武器を持っているかもしれない。撮影はあきらめざるを得なかった。

違法伐採の行なわれている現場には、いたるところで出くわした。川岸は伐採が禁止され

タマン森林保護区での違法伐現場。チェーンソーの大きな音が森の中から聞こえた。

明らかに違法伐採された天然林材を積んだ小型トラック。荷台の男たちが、鋭い視線を向けてきた。

ているため、植林地の中であっても天然林が残っている。ところがどの橋を渡る時にも、川岸で伐採をした木材が路上に積まれている。しかも、森の中からチェーンソーの音が聞こえてくる。止める者が誰もいないため、違法伐採はやりたい放題の状態なのだ。

「インダ・キアット社」の近くで、太さのまちまちな天然林材を積んだ小さなトラックとひんぱんに出会った。運転席と荷台の木材の上に乗っているのは五人前後。カメラに気づいた人たちが厳しい視線を送ってくる。明らかに違法伐採によるものである。残念なことだが、こうした違法伐採をしているのは森林を奪われて生活の糧を失った住民たちだ。「川岸の木を伐ってはいけないと知っているが、仕方なくそれを伐って『インダ・キアット社』に売っている」とマンディア

禁止されている川岸での伐採が、白昼堂々と行なわれている。チェーンソーの音が聞こえ、道路には伐り出された木材が積まれていた。

ギン村のある人は語った。違法伐採による天然林材を、「インダ・キアット社」が購入してきたのは明らかだ。このように「インダ・キアット社」は、住民に対する重大な人権侵害を引き起こし、違法伐採を助長させてきた。

「『インダ・キアット社』が、違法伐採された木材とわかっていて購入することが問題。しかも会社は、そうした木材を安く買い叩いている」と環境NGOのスタッフは厳しく批判した。違法伐採による木材を購入する企業がなければ、違法伐採は大幅に減少するだろう。「APP社」のコピー用紙がとりわけ安いのは、こうした乱暴な方法で製紙工場を操業させてきたことが大きい。

「RAPP社」も同じことを行なっており、違法伐採の木材を原料としている容疑で、リアウ州プラン県から告訴されている。

「一九九九年、インダ・キアット社とRAPP社で約一一〇〇万立方メートルを消費。その年にリアウ州で合法的に収穫できる量の六〇〇万立方メートルのほぼ倍である。この二工場が自然林に劇的影響を及ぼし違法伐採を助長していることを明示している」と「WWF（世界自然保護基金）ドイツ」の報告書は指摘する。

違法伐採に加担する日本

地球の森林は急速に減少している。それは温暖化など地球環境を悪化させ、人間の営みや生態系に深刻な被害を与えることになる。今や、森林破壊の大きな原因となっているのが違法伐採である。

インドネシア以外では、マレーシアから輸出される木材の約三五パーセントが違法との報告（一九九五年）があり、ロシア極東地域からの輸出の約四〇パーセントが違法と「WWF」は推測している。これらの国では、政府の資金不足と腐敗によって取り締まりは絶望的である。

二〇〇〇年に開催されたG8（主要国首脳会議）九州・沖縄サミットにおいて違法伐採が議題として取り上げられ、国際社会が緊急に取り組むべき深刻な課題と確認された。

政府でさえ止めることのできないインドネシアでの違法伐採は、待ったなしの状況である。かつてインドネシア政府は、世界の森林の保全と利用の両立を図るための国際的な枠組みで

太い天然林材を積んだ「インダ・キアット社」の大型トラック。どんなに立派な丸太でも、砕いて紙にされる。

ある「森林条約」に対し、主権を盾に反対した。だが自国の森林消滅が時間の問題となった今、国際社会に協力を求め始め、英国・ノルウェー・中国と二国間協定を締結。これに続いて二〇〇三年六月にはインドネシアのメガワティ大統領が来日し、インドネシアの違法伐採に日本政府と協力して対策を行なうとの「共同発表」「行動計画」に署名した。

インドネシアでの違法伐採の根底には政治腐敗があり、政府高官や議員、軍や警察が深くかかわっている。そうした勢力が、違法伐採を抑制するためのインドネシア政府の試みを妨げてきた。一九九九年五月、当時のスダルソン国防相は「軍・警察に対する国家予算が不十分だと、不足分を補うために違法伐採に手を染めることも起きる」

伐採されたアカシア植林地。労働者たちは小屋を建て、泊り込んで伐採作業をする。

と居直りとも思われる発言をしている。このようにインドネシア政府は、違法伐採を取り締まりたくてもできないのである。

「違法伐採は生産国だけでなく、海外で需要があることも問題。こうした木材を輸入している国は取り締まりを厳しくし、輸入しないでほしい」とインドネシアのムハマダ・プラコサ林業大臣は二〇〇三年二月に述べた。

インドネシアの熱帯林を救うには、日本などの輸入国側が違法伐採による木材やそれから製造された商品は購入しないという方法しかない。「紙がどこから来ているのか、どんな木で作られたのか消費者は考えてほしい」とインドネシアの環境ＮＧＯのスタッフは語った。

カギを握る大量消費国・日本

二〇〇一年の日本における紙生産量は世界全体の九・七パーセントを占め、米国・中国に次ぐ生産国となっている。また国民一人当たりの紙の消費量は世界平均が約五二キログラムだが、日本は約二四三キログラムもある。そしてコピー用紙などの印刷・情報用紙の消費は、一九八五年に約七〇三万トンだったものが二〇〇一年には約一一一六万トンと急増。パソコンとインターネットの普及によって容易に得られるようになった大量の情報が、紙に印刷されているからだ。紙の原料であるパルプの約八一パーセントが国産だが、それを製造するための木材チップの約七一パーセントは輸入されたものだ。使い道に困っている日本のスギやヒノキなどの間伐材は、伐採と輸送のコストが高いため、二〇〇二年で六・六パーセントしか原料として使われていない。

このように日本の製紙業界は、原料の多くを海外に頼っている。インドネシアからのパルプ輸入量は、一九九三年一万六〇〇〇トン、一九九四年一万二〇〇〇トンだったのが、二〇〇二年には一四万二〇〇〇トンへとほぼ一〇倍になっている。輸入しているパルプや木材チップに、違法伐採によるものが含まれていてもおかしくない。「ＡＰＰ社」のコピー用紙だけが問題なのではなさそうだ。

日本が輸入する木材の二〇パーセント近くが違法伐採によるもの、と「ＷＷＦ」は報告している。輸入木材を扱う業者も加盟する「全日本木材組合連合会」は、違法伐採問題に積極的な取り組みを始めた。二〇〇二年一一月には、「傘下の木材業界に対し、明らかに違法に伐採され、又は不法に輸入された木材を取り扱わないよう勧告する」といった内容の「森林の違法伐採に関する声明」を発表した。

だが、違法伐採の木材を一部に使って現地で製造された紙・パルプ・木材チップについては何の制約もなく日本へ輸入されている。それらを使い続けることは、違法伐採への「共犯」である。インドネシアといった輸出国での規制が事実上不可能な現状では、消費国側で輸入しないシステムを早急に作る必要がある。違法伐採によるものでないことが証明されたものしか買わないようにするしかないのだ。

二〇〇三年八月、「APP社」と「シナルマス・グループ（SMG）」は、世界最大の国際的環境保護団体である「WWF」との間で、スマトラ島の適切な森林管理に向けての六カ月間の取り組みについて、合意書に調印した。

1　保護価値の高い森林の保護。アカシア植林を予定地している森林の価値を事前に評価。

2　法の遵守と木材調達。違法伐採による木材を発見し工場が荷受を拒否するための木材調達システムの導入。

3　コミュニティーとの紛争解決。コミュニティーが所有権を主張する地域では、紛争解決まで森林のアカシア植林への転換をしない。

4　長期的な持続的木材供給。行動計画を作成・実施し、利害関係者の検討グループによる定期的協議の開催。

「WWF」は日本、ドイツ、米国において「APP社」などインドネシアから紙製品を購

急速に進む森林伐採により、スマトラゾウやオランウータンなどの野生動物が大きな被害を受けている。

入している企業との話し合いを進めてきた。日本ではその結果、「ＡＰＰ社」の主要取引先の一つで事務用品通信販売会社・「アスクル株式会社」は、「ＷＷＦ」と「ＡＰＰ社」とが協議する場を設けた。また「株式会社リコー」は二〇〇三年六月、「ＷＷＦジャパン」のアドバイスを得て「紙製品に関する環境規定」を制定。リコーグループとして、原生林や絶滅危惧種の生物が生息する自然林といった森林からの木材での紙製品は購入しないことを仕入先企業に対し明確に示したのである。違法伐採だけでなく、保護価値の高い森林からの木材による紙製品も扱わないという画期的な内容だ。それに基づき、「ＡＰＰ社」への改善要求が期限内に実行されない場合には、取引を停止するとした。やりたい放題の伐採によって紙を製造してきた「ＡＰＰ社」に方針転換を表明させたのは、その紙を購入している企業と消費者の力だった。

「日本は資源の多くを海外に頼っており、その生産地で環境・社会問題が起こっていないことを、消費する側として十二分に確認する責任がある。今回の同意書は、ＡＰＰの操業内容について、日本の顧客企業が確認するための第一歩と言える。今後、自然林の保護と適切な森林管理に基づく資源の供給体制の確立へ向かうことを強く望んでいる」と「ＷＷＦジャパン」はコメントした。

二〇〇三年九月、東京の「エイピーピー・ジャパン社」を訪ねて取材した際、担当者は「ＷＷＦ」との合意の実施に自信を示した。しかしインドネシアが置かれている状況の中で、デタラメな伐採を続けてきた「ＡＰＰ社」がこれらの合意事項を実現するのは並大抵のことではない、とその時に思った。

合意から六カ月後の二〇〇四年二月、「ＷＷＦ」は「ＡＰＰ社」との合意書を更新しなかった。「インダ・キアット社には、合法性が確実でない出どころからの原料の購入を停止する気はないという事実があった」というのがその理由である。

「ＷＷＦインドネシア」の報告書によれば、二〇〇三年初めの一〇カ月間に「インダ・キアット社」が消費した木材の少なくとも三五パーセントが「合法性が疑問視される混交熱帯広葉樹材」だったという。「ＷＷＦインドネシア」は二度にわたって抜き打ち調査を実施した結果、トラックに積まれた違法伐採による木材が「インダ・キアット社」へと次々と運び込まれたことを確認した。「ＡＰＰ社」は合意を平然と破り、違法伐採による木材使用を減らそうともしていない。

「ＷＷＦインドネシア」は次のような結論を出した。

自宅近くのホームセンターで売られていた「APP」の表示があるコピー用紙。大手文具店の店頭にも並ぶ。

ガウ村の周辺にはかつての鬱蒼とした
熱帯林はなく、荒れ果てた土地が続く。

1　ＡＰＰ／ＳＭＧは、絶滅の危惧されるスマトラゾウやスマトラトラに最後に残された生息地の消滅に直接的に関与し、世界的にも生物多様性がトップクラスの森林の破壊に強く加担している。

2　ＡＰＰ／ＳＭＧは、保護価値が非常に高い森を含む自然林の皆伐を続けている。

3　ＡＰＰ／ＳＭＧは、インドネシアの林業法に違反し続けている。

4　ＡＰＰ／ＳＭＧが確保している合法木材供給量だけでは、彼らの工場の現在の生産量を支えるには十分ではない。にもかかわらず、これらの工場はフル稼働を続けている。これは違法材への強い依存を示す。

5　泥炭湿地で自然林皆伐後にAPP／SMGが行なう植林造営の乏しい実績を鑑みると、今後何年もの間、彼らの植林が十分な量の再生可能な木材供給を達成する見込みはない（パルプ材植林産業内でも、土壌が深い泥炭湿地でのアカシア植林が果たして成功するかどうか疑う声が強い）。

6　APP／SMGは、これまでに、人材、技術的なノウハウや資金調達を行なって、持続可能で実行可能な事業を達成することができたはずで、今後もその可能性はあるが、そうする意思がない。

日本でも事業展開している米国の「オフィス・デポ社」は、「持続可能な原料である明白な証拠が得られるまでAPP社からの買い付けを行なわない」と二〇〇四年一月に表明。こんなにも企業倫理のない「APP社」の製品を日本企業と消費者は買い続けるのだろうか。

私が子どもの頃に聞かされた「スマトラの密林」は、もはや風前の灯火だ。戦後日本の大量消費社会は、フィリピン・マレーシアなどアジアの熱帯林を次々と食いつぶしてきた。再生不可能な伐採による木材で生産された木材と紙製品を、企業と消費者は買うのをただちにやめるべきだ。そして、紙や木材を大量に使い捨てる社会のあり方を変えるという根本的な解決を行なわない限り、アジアの森を日本が消してしまうことになる。

第6章

伐りつくされるシベリア大森林

●ロシア

熱帯材からロシア材へと乗り換える

疾走するボートの舳先で見張っていたワジーム・スリアンジガさんが、いきなり猟銃を構えた。前方の河原に立派な角のシカが立っているのが見える。水を飲みに森から出てきたのだろう。立て続けに響く銃声が回りの森に吸い込まれていく。森の中に逃げ込んで倒れた二〇〇キログラムもあるシカを、猟師五人が河原まで引きずり出す。そして実に手際よくシカを解体し、ウォッカをあおりながらすぐに傷んでしまう肝を食べる。仲間たちから祝福を受けて、ワジームさんは嬉しそうだ。

だが、昔からのこうした猟は難しくなった。ワジームさんらウデへなど先住民族の暮らしが、急速に進む森林伐採によって危機にひんしているのだ。

熱帯林が急速に消失しつつある中で日本は、シベリアからの北洋材やカナダ・米国からの

ウデへの猟師が倒した200キログラムもあるシカ。保護のために、先住民族であっても狩猟できる頭数に制限がある。

米材の輸入を増やしている。極東ロシアに広がるシベリアで見えたのは、日本での私たちの大量の木材消費が、森林の消失に大きく「加担」している姿だった。

日本は、フィリピン・インドネシア・マレーシア・パプアニューギニアなどの熱帯林を次々と「消費」してきた。そして今、ロシアからの木材輸入を増やしつつある。ロシア連邦極東地方（極東ロシア）の森林で伐採された木材の約五〇パーセントが輸出され、二〇〇二年にはそのうちの約六八パーセントを日本が輸入している。

新潟東港の木材埠頭へ取材に行くと、ロシア船がちょうど入港するところだった。満載された積荷は、ロシアの極東地方で伐採された北洋材である。港の広大な貯木場には、ロシアから運んだ丸太を積み上げた小山が続いている。

極東ロシアの主な木材積み出し港は、ハバロフスク地方のワニノ、沿海地方のナホトカ、サハリンのコルサコフなど。木材を陸揚げする新潟・富

木材を積んで新潟東港へ入港したロシアの木材運搬船。富山・酒田・舞鶴などの港へも、丸太や製材した板を積んで入港している。

山・酒田（山形県）・舞鶴（京都府）などとは日本海を渡るだけのわずかな距離だ。

ロシアで伐り出された北洋材は、一九五四年に輸入が開始されてからは建材などとして私たちの身近なところで使われてきた。二〇〇三年の北洋材輸入量は、丸太が五一〇万五〇〇〇立方メートル、製材された木材が八二万八〇〇〇立方メートル。日本が輸入する丸太は、このロシアからがもっとも多い。丸太の輸入総量におけるロシア材の割合は、一九九五年は約二五パーセントだったのが二〇〇三年には約四〇パーセントと、年毎に増加している。

その丸太を加工し、ベニヤ合板などが製造される。ベニヤ合板は、インドネシアやマレーシアなどの熱帯林の広葉樹から主に製造されてきたが、伐採への国際的な非難と森林の減少により熱帯材（南洋材）をこのまま使い続けることは困難になった。そのため日本の合板メーカーは、原料を針葉樹へと計画的に切り替えようとしている。合板メーカーの業界は、「地球環境保全と熱帯雨林保護の問題を解決したのが針葉樹の使用」と宣伝する。だが、針針葉樹合板の七〇パーセントを占める北洋材が伐採されている極東ロシアでは、森林再生のための植林は実質的には行なわれていない。熱帯林の代わりに極東ロシアの森が失われるだけなのである。


「新潟東港に運ばれて来るロシア材は、針葉樹ではアカマツ・カラマツ・エゾマツ・トドマツ・ベニマツ（チョウセンゴヨウ）。広葉樹は高級家具の材料になるタモ（ヤチダモ）・ナラ・ニレです」と新潟東港貯木場の責任者は教えてくれた。タモとチョウセンゴヨウは日本で高く取引されるため、次々と伐採されて激減。一九九〇年には、ロシア全土でチョウセンゴヨウの商業伐採が禁止された。そのチョウセンゴヨウを、日本は今も「合法的」に輸入している。どうしてこのようなことが起きるのだろうか。

先住民族の生活を脅かす大規模な森林伐採

ロシアは世界最大の森林国。地球全体の森林面積のうち、約二二パーセントをこの国だけで占める。そのうちの八〇パーセント近くが、ウラル山脈より東側のシベリア極東地域にある。

シホテアリニ山脈から流れ出たビキン川はどこまでも続く樹海の中を、蛇行しながらゆったりと流れる。この流れは、ウスリー川を経て大河アムール川（中国では黒竜江）に注ぎ込む。オホーツク海の豊かな水産資源は、タイガから流れ出た養分が支えている。

私はビキン川を、先住民族・ウデへの猟師たちと一緒にボートで下ることにした。この民族の総人口はわずか約二〇〇〇人で、そのうちの六〇パーセントほどが森の中で狩猟・漁労・採集をして暮らしている。細長い小型ボートに大きな船外機を取り付けているので、かなりの速度が出る。水中の倒木にボートが乗り上げると転覆してしまうので、猟師が必ず舳先で見張る。川岸まで迫る森が美しい。

猟師たちが河原にボートを着けた。今夜はこの場所にテントを張るという。だが私は、その河原に残されている動物の足跡を見て、薄暗くなった周囲を見回した。シベリア（アムール）トラの真新しい足跡があったのだ。

新潟東港に積み上げられたロシアからの北洋材。
日本が輸入する木材のうち、丸太での輸入量は
米国・カナダからの米材がもっとも多かった。
それが1997年からは北洋材が上回っている。

RUBIN PEARL

タイガの中を、蛇行しながら
ゆったりと流れるビキン川。

シベリアの中でこのあたりはもっとも南に位置するため、気候は比較的温暖である。この森はウスリータイガと呼ばれ、カラマツ・トウヒ・モミなどの針葉樹だけでなく、ナラやタモといった広葉樹が混じる。そのため、豊かな生態系が育まれている。シベリアトラを頂点としてヒグマ、オオジカ、イノシシ、シカ、クロテンなどの野生動物の宝庫だ。私が大きな感銘を受けた黒澤明監督の映画「デルス・ウザーラ」の舞台でもある。

ウスリータイガが、大規模な伐採からまぬがれてきたのは、この地への交通があまりにも不便だったからだ。今でも豊かな自然が無尽蔵に残されているように見えるが、危機が急速に迫っているという。原因はロシアの民間企業が無秩序に行なっている伐採である。

「豊かな森に見えるが、実は大きな木はほとんどないんだ。チョウセンゴヨウなど実のできる木が伐採されたために動物は減少したよ。村から一五キロメートルは行かないと猟ができないほどでね。私たちの生活は森林伐採で大きな被害を受けているんだ」と一九三〇年生まれでベテラン猟師のワシリー・スリアンジガさんは嘆く。

ビキン川の上流で乗ったボートは、二日後にクラースヌィ・ヤール村へ着いた。村へ入る手前の崖の途中には、狩猟の神様が祀られていた。これはウデヘにとって唯一の神である。

ボートで村へ戻る途中、川岸でくつろぐウデヘの漁師たち。

猟に向かう猟師たちはここでボートを止め、崖をよじ登って酒やタバコなどを祠にそなえるのだ。

二〇〇一年の村の人口は六三七人。そのうちの四一八人がウデヘで、先住民族のナナイも暮らす。ウデヘ語には文字がなく、言葉を話すことのできるのは高齢者だけになってしまった。そのため学校では、子どもたちに言葉や伝統文化の教育を始めている。

ソ連時代には先住民族に対する優遇政策もあり生活は保障されていた。ところが一九九一年のソ連崩壊により、市場経済の嵐の中へ投げ込まれてしまった。苦しくなったウデへの生活に追い討ちをかけているのが森林伐採による環境の急速な悪化だ。狩猟中心の生活なのに、森の動物が減少しているのである。

チョウセンゴヨウなどのたくさんの実をつける木が伐採されると鳥や小動物が減り、それを餌とするシベリアトラなども減少する。ところがタイガに生息する動物の象徴としてトラだけを人間が保護するようになり、新たな問題が起きた。ワシリー・スリアンジガさんは次のように語る。

「昔はトラの餌となるイノシシやシカはたくさんいたので、トラは脅威ではなかったんだ。だが今は、狩猟禁止のトラだけが増えたので、少なくなった森の動物がみんなやられてしまう。そればかりか人里までトラがやって来て、人間にも襲いかかるようになってね」

伐採による森の変化は他にもある。伐採が進むにつれて洪水が起きるようになったのだ。

「深い山の木を伐っても、そこから遠く離れた所で暮らす私たちの生活に影響がある。根や葉にたくさんの水を溜める大木が伐られたため、雨が降るとすぐに川が溢れるようになっ

クラースヌィ・ヤール村のウデヘの子どもたち。「私が子どものころは、村は密林の中だった。ところが伐採が進み、鉛筆のように細い木しか今は残っていないよ」とワシリー・スリアンジガさんは寂しそうに語った。

クラースヌィ・ヤール村近くのビキン川には、狩猟の神様が断崖に祭られている。ウデヘにとって唯一の神だという。ここを通る猟師は、酒やタバコ・鉄砲の玉などを必ず捧げる。

たんだ」

一気に増水した川は川岸を削り、そこに生えている木々を倒して下流へと流す。ビキン川をボートで下る途中、何カ所かで川を塞ぐ流木の山に出くわした。大木が絡み合いながら積み重なっているため、ボートがそこを通り抜けることはまったく不可能だ。そのたびに、森の中の細い流れを通って迂回した。

森をもっともよく知り、その恵みで暮らしているウデへなどの先住民族たちは、エコツアーの受け入れや山菜・薬草などの木材でない林産物の販売もしている。遠い昔から続けてきた森に負担を少しでもかけない暮らしを守るための努力をしているのだ。

輸出が違法伐採を加速

ウスリータイガを空から見るため、ハバロフスクで大型ヘリに乗った。しばらくは湿地帯が続く。深い緑の針葉樹だけの森や、広葉樹が混じった森と、場所によって森のようすがかなり異なる。原生林が伐採などで失われると、森林が再生されても生息する動物は減少し、森林の質は大きく低下する。ウスリータイガでは、針葉樹のトウヒ・マツ・モミなどの原生林に替わって、落葉樹の二次林が増え続けているのだ。

伐採現場のようすを地上で見るため、ヘリコプターは慎重に湿地の上へ着陸した。大きなカラマツやエゾマツなどの森の中に、幅二〇メートルほどの伐採道路がまっすぐに東へ向う。日本海に面する木材積み出し港まで続いているのだ。この道路そのものが森林破壊になって

（上）６歳のシベリアトラ。「野性動物リハビリセンター」で飼育されている。「トラなどの動物に影響を与えるのは森林伐採です。実のなる木が伐られると、トラの餌になる動物が減ってしまうからです」とウラジミール・クルグロフ所長は語った。

（左）川幅20〜30メートルもあるビキン川のいたる所で、膨大な量の流木がボートの行く手を塞ぐ。「見かけは豊かな森だが、大きな木を伐ってしまったので保水力が落ちてしまったんだ。そのため洪水が起き、川岸の木が流されるようになってね」とワシリー・スリアンジガさんは嘆いた。

いる。
この道路から森の中へ、トラック一台が入れるほどの幅の木材搬出のための道がつけられている。その入り口に伐採許可の掲示があった。切り株を見るとまだ新しく、伐採されたのは最近のようだ。森林内には丸太や枝が放置されたままだった。丸太の約半分ほどの商品になる部分だけを森から運び出し、質が悪かったり細かったりする部分をその場に放置しているのだ。許可を得た伐採であるが、これは違法行為である。

再びヘリコプターで、シホテ・アリニでもっともすばらしい森があるという場所へ向かう。窓から外をのぞいていると、高さ三〇~四〇メートルもあるすばらしい針葉樹林の中に、広大な「空間」がいくつも見えてきた。一九九〇年代前半に韓国「現代グループ」とロシアの合弁企業が行なった皆伐の跡である。伐採から歳月が経っているにもかかわらず、伐採跡にはほとんど草木が生えていない。森をえぐり取るような皆伐という方法では、寒さが厳しいシベリアで森林が再生することは極めて困難なのである。

この伐採が行なわれた時、驚いたウデヘたちは猟銃を手に体を張って伐採を阻止した。その結果、この場所の伐採許可は取り消され、皆伐方式での伐採はウスリータイガでは禁止になった。

ソ連時代に伐採を行なったのは国営企業だけだった。ソ連崩壊でその国営企業は民営化され、他の民間企業も伐採事業へ参入できるようになった。極東ロシアでは、外貨獲得のために日本や中国市場を狙って民間の伐採企業が次々と誕生。外国企業も乗り出すようになり、

極東シベリア南東部のウスリータイガには、針葉樹と広葉樹が混じり合った森林が広がる。

米国・ノルウェー・韓国などの企業が極東ロシアで伐採を始めた。
一九九七年には、破壊的な森林伐採を行なうマレーシアの「リンブナンヒジャウ社」(第五章参照)が、ハバロフスク地方の三〇万五〇〇〇ヘクタールの森林に対する四九年間の伐採権を購入。エゾマツやカラマツなどの伐採を始めている。現在の参入はまだわずかだが、豊かなウスリータイガは資本力がある外国の大企業に狙われている。

この豊かな森を、さらに深刻な危機が襲っている。ソ連崩壊は社会秩序にも大きな混乱をもたらし、森林では盗伐などの違法伐採が横行するようになった。ハバロフスク市の南約一〇〇キロメートル付近で何カ所かの伐採現場を回っていた時に、異様な服装の男たちと出くわした。森の中だというのに、高級そうな黒のスーツとネクタイをしている。ロシア人の通訳は「マフィアだ」と小声で言う。

地平線まで続く針葉樹の海の中に、クシですいたような択伐による伐採跡が現れた。択伐は森林への負担が少ないが、この森には木材の不要部分が大量に放置され、植林はされていなかった。

韓国の「現代（ヒョンデ）」グループが90年代に行なった大規模な皆伐の跡。森林はまったく再生しておらず、まさしく森に対する大虐殺だ。中国もロシアからの木材輸入量を急速に増やしている。

武装したロシアマフィアは高性能トラックで森に入り、高価で売れるチョウセンゴヨウなどを勝手に伐採。これを買った木材輸出業者が日本へ運ぶという仕組みだ。ロシアではこうした盗伐や、保護樹種・許可地域外・偽造伐採許可証を使っての伐採といった違法伐採が日常茶飯事と化した。「ロシア極東経済研究所」のアレキサンダー・S・シュインガウス天然資源局長は二〇〇二年三月、「極東ロシアでの違法伐採は、産出量の五〇パーセントを下回ることはない」と発表している。

私は二〇〇〇年九月に、「ハバロフスク森林管理局」のコロムイチェフ・ミハイロビッチ局長代理へのインタビューをした。

「ソ連時代は約八〇の国営企業だけが伐採していたのが、今では民間を含む約四〇〇社が行なっています。盗伐を防ぎ正しく伐採されているのかを監視する費用がまったく足りません。違反者を捕まえても法律が厳しくないので、裁判でみんな無罪になってしまいます。違法伐採は損だと伐採する者に思わせる厳しい法律を作る必要があるんです」

ある伐採現場の入り口で、地元営林署の署長・職員と出くわした。署長はそこから先への立ち入りを禁じ、こちらの車が立ち去るまで見張っているのだ。どう見ても怪しい。他の現場を回ってからその場所へ戻った。営林署の車はなかったものの緊張しながら中へ入る。

署長が外国人に中を見せたくなかった理由がすぐに分かった。そこには、グシャグシャになった泥の海が広がっていた。しかも、木材を積んだ重たいトラックや伐採用の重機のタイヤが泥に沈まないように、大量の木材が泥の中へ投入されている。

どの伐採現場も泥の海になっていた。シベリアでの無秩序な森林伐採は、地球温暖化を加速させる。

営林署長が見せようとしなかった伐採現場。大量の木材が泥の中に放り込まれている。

森林管理を直接行なっている営林署は、呆れたことに職員給料を捻出するための伐採をしている。ミハイロビッチ局長代理にそのことを私が質すと、「間違ったことですが伐採していいます。必要な経費の二〇パーセントしか政府が支出しないため、残りを伐採から得ていいます」と認めた。いくらシベリアの森林が広大であっても、このままではすぐに深刻な事態を迎える。

二〇〇一年一二月、「中部シホテアリニ」地域が「国連教育科学文化機関（ユネスコ）」の「世界自然遺産」に指定された。その地域は伐採から免れることになったが、ウデヘたちが暮らすビキン川流域は指定地域から除外されてしまった。沿海地方の政府関係者が横槍を入れたという。

極東ロシアの森にとって、危機は伐採だけではない。大規模な森林火災が増加しているのだ。その原因は、森に入った人たちによる失火である。伐採作業で使う機械の火花からも火災が起きる。森林伐採道路の建設が進み、森林労働者だけでなくキノコ採りや釣りなどで一般の人たちも森に入るようになった。火災発生原因の七〇～九〇パーセントが人為的なものという。地球温暖化によって森の中の下草や伐採で放置された木材は乾燥しやすくなり、火災発生や延焼に拍車をかけている。

一九九八年のハバロフスク地方での大森林火災では二二〇万ヘクタールが焼失。その火は約五カ月間も消えなかった。火災が発生しても消火活動ははかどらない。それは、消火のための人員・機材・燃料が資金難によって極端に不足しているからである。森林火災は森を失

森林火災の跡。伐採道路ができると森の中へたくさんの人が入るようになり、火災が増えた。伐採よりも大規模な被害を森林に与える。

森林をえぐるかのように建設された伐採道路。上空からは、濃い緑の中に地平線までまっすぐ引いた茶色の筋として見えた。

うだけでなく、煙によって住民たちの健康に被害を与え、動物の生息地を減らしている。この煙は、北海道から北日本の日照量を減らしていることも明らかになっている。

また極東ロシアでの森林の減少は、地球環境を大きく悪化させる危険性もある。シベリアの森林は全世界の炭素量の約七分の一も蓄積している。大規模な伐採と火災は、森林が保持している膨大な量の二酸化炭素を大気中へ放出し、地球温暖化に拍車をかける。

そればかりか永久凍土の上にある森林での伐採は、より深刻な事態を招いている。厚さが数百メートルにもなる永久凍土には膨大な量のメタンガスが閉じ込められている。伐採によって太陽の熱が地面に当たるようになると永久凍土が溶け、メタンガスが大気中に放出されてしまう。そうした場所には、たくさんの大きな穴が地面に開いている。メタンガスは、二酸化炭素の何と二一倍もの温室効果があり、地球温暖化を急激に進行させてしまうのである。

チェーンソーの音が聞こえてくる森の中へ入ると、伐採した木を同じ長さに切り揃える作業が行われていた。すぐ横を流れる川は、伐採現場から流れ出た泥水で濃い茶色に濁っていた。

クラースヌィ・ヤール村北部の伐採現場で、丸太を満載したトラックと出会った。それを見たワジーム・スリアンジガさんは「伐採業者が何と言い訳しようとも、ひどい方法で伐採をしている」と厳しく批判した。

持続可能な森林伐採と森林認証制度

シベリアから日本へ次々と運ばれる北洋材。木材輸入はその量だけが問題なのではない。日本政府は木材輸入に何の条件もつけておらず、違法伐採や持続可能ではない伐採による木材でも輸入を規制していないのだ。極東ロシアでの森林破壊の責任はロシアにあるが、何の条件もつけずに木材輸入を続ける国は「共犯者」である。

違法伐採は、インドネシアやブラジルなど世界各地で大きな問題となっている。（第五章参照）二〇〇〇年の「G8（主要国首脳会議）九州・沖縄サミット」では、各国が協力して違法伐採に取り組むことを合意。そのため、それまで消極的だった日本政府も重い腰をようやく上げたが、輸入を規制するなどの具体策は進んでいない。

日本では住宅の耐用年数は平均二五年しかない。世界の森林を守るには、木材や紙の使用量を「先進国」が減らす必要がある。さしあたっての方策は、違法・破壊的伐採を行なっている企業からや、原生林や保護すべき森林の伐採による木材や紙製品は購入しないことである。購入して良いのは、伐採から数十年後には森林がよみがえる持続（再生）可能な管理が行なわれている森林の木材である。

輸入される丸太や木材製品が、持続可能な森林から伐採されたものか判別するためのいくつかの試みが実施されている。その代表的なものが二五カ国の環境団体・林業者・先住民族団体などが設立した「FSC（森林管理協議会）」による「森林認証制度」である。持続可能な森林経営をしている森林と、そこからの木材の両方を認証している。「FSC」が認証した木材と木材製品には「FSC」というロゴマークが押される。そのため消費者は、購入する木材が持続可能な伐採によるものかどうかを一目で知ることができる。「森林認証制度」が世界中で普及し、消費者と建設業者などがロゴマークのついた木材しか使わないようになれば、違法伐採と持続不可能な伐採はなくなるのだ。

日本の森林面積は約二五〇〇万ヘクタールで、国土総面積の約六八パーセントを占める。世界でも有数の「森林国」なのである。ところがその日本は、国産材を使わずに海外の森林を次々と消してきた。輸入材の方が国産材よりも価格が「安い」という理由からである。日

ワジーム・スリアンジガさんは、暗いうちに起きて釣りを始めた。ウラジオストクで精神科医として働いている彼は、ひんぱんに両親の住むクラースヌィ・ヤール村へ帰る。自然の中にいると心がすっかり休まるという。

伝統的な文化を徐々に取り戻しつつあるウデへの子どもたち。

本の木材自給率はわずか二〇パーセントでしかない。

日本中に植林されたスギ・ヒノキ・カラマツの森は、その多くが間伐・枝打ちといった手入れもされずに放置されているため、森林の保水力を低下させ土砂崩れを引き起こしている。その対策として膨大な数のダムや砂防堰堤が建設され、日本の豊かな自然と美しい景色を破壊してきた。

日本が海外の森林を少しでも破壊しないためにも、植林によって質が落ちた日本の森林を回復させ林業を再興することを考えて、国産材を積極的に利用する必要がある。極東ロシアに残るすばらしいタイガを消し、先住民族の暮らしを危機に陥れることに加担しないためには、日本の政府だけでなく私たちも真剣に取り組まなければならない。

ワシリー・スリアンジガさんは、ビキン川の川岸に流れ着いた流木に腰を下ろして語った。

「動物を撃ち川で魚を釣る、という私たちの生活は森があるからできるんだ。森は私たちの命そのものだよ。日本に売ればお金になるからといって木を伐ってしまうのは間違い。この森がなければ動物はいないし、生活に必要な燃料もないからね。ロシアから運んだ木を日本の人たちが使う時、この森の恵みだけを頼りに暮らしている人がたくさんいることを考えてほしい」

■第4部 「先進国」が地球を殺す

第7章 地球温暖化で沈む国々

●ツバル・マーシャル諸島

世界で最初に沈む国・ツバル

人類による環境破壊でもっとも深刻なのは地球温暖化である。

今までは何十万年もかかった変化が、わずか数十年で起きているのだ。地球温暖化によって海面上昇が起きる。太平洋に浮かぶサンゴ礁の隆起でできた島嶼(とうしょ)国家と南アジアなどの低地では、わずかな海面上昇であっても大きな被害を受ける。

地球温暖化を引き起こしたのは、膨大な量の二酸化炭素などの温室効果ガスを排出してきた日本をはじめとする「先進国」だ。

ところが地球温暖化による海面上昇で海に沈みつつあるのは、ほとんど排出していない国々である。その状況を、太平洋に浮かぶツバル・フィジー・マーシャル諸島で見た。

ツバルのフナヌチ環礁の内海をボートで１周していると、
海岸侵食によってさまざまな種類の樹木が倒れていた。

ボートで島に近づくと、たくさんの白い鳥が上空で舞っているのが見えてきた。膝まで水に浸かりながら上陸し、外洋に面する島の西側へと向かう。満潮に近いこともあるが、砂浜の幅が非常に狭い。歩き始めてすぐ、行く手をさえぎるように倒木が次々と現れた。ヤシだけでなくパンダナスなどのさまざまな樹木が絡み合って倒れている。

樹木が鬱蒼と生えている陸地と砂浜との間には、一メートルほどのはっきりとした段差がついている。波によって海岸が侵食されたため、樹木が倒れたのである。まだ青々とした葉をつけている木もある。ここは南太平洋に浮かぶ小さな国・ツバルのテプカ島。フナフチ環礁の北西部に位置する。海岸侵食は一九七〇年頃から始まり、一年間で一〇メートルも削られているという。

この国は八つの島から構成されて総面積は二六平方キロメートル。世界の国のうち、面積の狭い方から数えて四番目である。そこに約九〇〇〇人が暮らす。ツバルの首都・フナフチで暮すタラパさんは次のように語った。

「私はクリスチャンなので、自分の国が海に沈んでしまうとは信じたくないんです。だけど海岸が波で削られていき、満潮時には海水が陸の中まで入り込むようになったので、海面は上昇していると言わざるを得ません」

ツバルは小さな島嶼国家であるため、地球温暖化を原因とする海面上昇によって、海へ沈む世界で最初の国になろうとしている。

上空から見たフナフチ環礁。ツバルは、八つの島だけで成り立つ小さな国家だ。

人類が排出してきた二酸化炭素・メタン・一酸化二窒素・フロン類といった温室効果ガスによって、地球の温暖化と気候変動が進行している。温室効果ガスのうち二酸化炭素の温暖化への寄与は六〇パーセントにもなる。地球に降り注ぐ太陽光のうちの赤外線が地表で反射し、大気中の温室効果ガスに吸収されて地上の温度を暖める、というのが温室効果である。温室効果ガスがないと地球の平均気温はマイナス一八度Cにも下がるが、増え過ぎると地球の温暖化をもたらす。

二〇〇四年三月の気象庁の発表によれば、世界の大気中の二酸化炭素濃度は三七四ｐｐｍと過去最高になった。一八世紀後半の産業革命以前の約二八〇ｐｐｍと比べると、三四パーセントも増加している。「世界気象機関」と「国連環境計画」によって設置され世界の専門家・科学者たちの集まりである「気候変動に関する政府間パネル（ＩＰＣＣ）」は、対策を講じないと一九〇〇年から二一〇〇年までの気温上昇は一・四〜五・八度Ｃと予測。また今世紀の気温上昇は、二〇世紀よりも一〇倍速くなるという。温室効果ガスの排出をすべて止めたとしても、今までに出したガスによって何十年も温暖化は続くという。人類は、今までに経験したことのないほど大きな気温上昇に直面している。すでにヒマラヤ地方などの氷河は、年に七〇〜一〇〇メートルも融解・衰退しているのだ。

　地球温暖化は温度上昇による海面上昇だけではなく、さまざまな気候変動・異常気象も引き起こす。大規模な洪水・旱魃といったさまざまな被害はすでに起きている。今後、中央アジア・アフリカ南部などの水不足はさらに深刻となり、地球全体での食糧生産が需要に追い

マーシャル諸島マジュロ環礁の小学校。外海と内海との間のわずかな陸地に、すべての生活の場がある。

首都であっても、フナフチの海は透明度が高くて美しい。

つかなくなって飢餓に苦しむ人々が増える。そして、多くの生き物が気温上昇の速さに適応できずに絶滅し、マラリアなどの感染症が拡大する。
また温暖化がより進むと、シベリアなどの永久凍土が急速に溶け出し、それに含まれている膨大な量のメタンが大気中へ爆発的に放出される危険性がある（第６章参照）。メタンは二酸化炭素の二〇倍以上の温室効果があるため、そうした事態になると急激に温暖化が進んでしまう。こうした地球環境の大きな変化に対し人類の対策は進んでおらず、極めて深刻な事態が待ち構えている。

日本国内でも、温暖化のさまざまな影響がすでに現れている。二〇〇三年の梅雨明けが大幅に遅れたのは、温暖化によって海面水温と大気の循環が変わったことによる。二〇〇四年夏の猛暑や大型台風が連続して来襲した原因にもなっているのは確かだ。

環境省が発表した『地球温暖化の日本への影響２００１』では次のように指摘する。「ソメイヨシノ（サクラ）の開花日がここ五〇年で五日早まっている」「北海道での高山植物の減少と本木植物分布の拡大、内陸部におけるシラカシなど常緑広葉樹の分布拡大、チョウ・ガ・トンボ・セミの分布域の北上と南限での絶滅増加、本来九州四国が北限のナガサキアゲハが九〇年代には三重県に上陸、一九七〇年代には西日本でしか見られなかった南方系のスズミグモが八〇年代には関東地方にも出現、マガンの越冬地が北海道にまで拡大、熱帯産の魚が大阪湾に出現など気候変動と関係するとみられる現象が報告されている」。

このように日本でも具体的な影響が出ているもののまだ深刻ではない。だが、世界ではすでに大きな被害を受けている国がたくさんある。二〇〇四年八月にインドやバングラデシュなど南アジアを襲った異常気象による大洪水は、一八〇〇人を超す死者と二〇〇〇万人の食料不足をもたらした。

海面上昇は、南極とグリーンランドなどの氷床が溶け出したり、暖められた海水が膨張したりして起きる。海面が一メートル上昇すると日本では砂浜の約九〇パーセントが侵食され

ツバルのフナファーラ島では、昔ながらの穏やかな暮らしが続いている。だが、海面は確実に上昇しており、子どもたちのはしゃぎ声がこの島でいつまで聞こえるかはわからない。

るというが、それによって国としての機能が失われるわけではない。だが、太平洋やインド洋の島嶼国家は、隆起したサンゴ礁がリング状に細く連なる環礁で主に成り立つ。環礁はどこも土地が低く、ツバルの平均海抜は二メートル以下しかない。環礁の海岸線は膨大な長さなので、そのすべてに堤防を築くことなど経済的に不可能である。

首都の重要な部分にだけ建設するにしても、コンクリート堤防を建設するのに必要なセメントや砂はサンゴ礁でできた島にはない。そのためマーシャル諸島では、海中から掘り出したサンゴを金網に詰めて小さな堤防にしているが、押し寄せる波の力を沖で和らげているサンゴ礁を減らすことになる。

地球温暖化は、太平洋赤道域からペルー沖にかけての海面水温が上昇して東に移動するエルニーニョ現象を引き起こすようにもなった。「エルニーニョ現象がひんぱんかつ大規模に起こるようになり、深刻な旱魃が発生しました。また、太平洋の西部で発生していた台風は、発生場所が東へ移動するようになり、マーシャル諸島でも被害が出るようになったのです」とマーシャル諸島の環境保護局気候変動問題担当者は語った。

「IPCC」は、一九九〇年から二一〇〇年までの海面上昇は九～八八センチメートルとしている。その場合、世界で年七五〇〇万～二億人が高潮の被害を受けるという。資金・技術力を持つ日本などの「先進国」は温暖化と異常気象による被害を減らすことができる。だが、温室効果ガスをほとんど排出していない「途上国」が大きな被害を受けるという極めて不公平な構造が生まれている。

崩れ落ちた堤防を案内してくれたフィジーのヤドゥア村のアプサロメ・タベニバウ村長。かつての堤防の内側まで波によって侵食されている。

太平洋の島嶼国はすでに深刻な被害

マーシャル諸島は、広大な海域に散らばる二九の環礁に約六万人が暮らす。平均海抜は約二メートル。「海面が一メートル上昇した場合、マーシャル諸島マジュロ環礁の八〇パーセントが失われる」との報告書を「ＩＰＣＣ」は出している。

ミリ環礁のタケワ島という人口約六〇人の小さな島でも海岸侵食が進む。日系二世のシゲル・チュータローさんは、「海岸が侵食されて島が小さくなったよ。消えかけている島も近くにある。大潮や風が強い時には島の中まで海水が入るようになり、海岸に近い井戸の水は塩辛くなってしまったんだ」と語る。

海面上昇は、三万人近くの人々が暮らす首都・マジュロの機能にも影響を与えるようになった。首都の水道水は、空港の滑走路で受けた雨水を貯水池に貯めて使用している。ところが、堤防を越えて海水が滑走路に入り込むようになり、堤防のかさ上げ工事が行なわれた。それでも、風の強い日には波が堤防を越える。また潮位が高くなると、道路が冠水して島が分断されるようにもなった。

マジュロで暮らす日系二世のミズタニ・フクオさんは海岸でブタを飼っている。

「このブタ小屋を建てた八年前には、もっとも潮位が高くても土台の石垣の中ほどまでだった。それが今では小屋の中まで海水が入るようになってしまった。二年前から海面は急に上がったね」

フィジーでは海面上昇による海岸侵食を見た。フィジーでもっとも大きなビチレブ島の南部にあるヤドゥア村。村長のアプサロメ・タベニバウさんに海岸を案内してもらった。コンクリート製の堤防が、広範囲にわたって崩れ落ちている。砂浜の中に崩れた堤防が続いている箇所もある。堤防内側の陸地まで波によって侵食されてしまったのだ。

「二年前の大波で、二軒の民家が流されたんだ。二カ月前の大波では堤防が壊れてしまったよ。政府に堤防の修理を依頼したところ、予算がないと断られた。堤防を早く直さないと被害は大きくなり、そのうち死者が出る事態になる」

とタベニバウさん語った。フィジーでは年一・五ミリの海面上昇が起きているという。これは非常に大きな数字である。一九九七年から翌年にかけて起きたエルニーニョ現象ではひ

「ブタ小屋を造った８年前は、満潮時でも海面はここだったが、今では小屋の中まで海水が入るんだ」と語るマーシャル諸島マジュロ環礁で暮らすミズタニさん。

首都マジュロの海岸に立つ小屋は、満潮になると水没するようになった。

どい旱魃に襲われ、深刻な水不足に陥り、この国の重要産業であるサトウキビ生産が大きな打撃を受けた。

太平洋の島嶼国家の中でもとりわけ小さいツバルは、海面上昇や気候変動に対して極めて脆弱である。バサファ島は波による侵食で、五〇年ほど前と比べて面積が五分の一になった。今では島の中央部にヤシがわずかに残るだけだ。かつて人々が暮らしていたバイトゥプ島は完全に消滅した。

人々はわずかな土地でタロイモなどを栽培し、小さな船で漁をして自給自足の暮らしをしてきた。首都・フナフチでは、大潮になると島の中央部で大量の海水が湧き出すようになった。井戸水は塩分が多くなって飲むことができなくなり、バナナやタロイモなどは塩害によって枯れてしまう。海水温の上昇によるサンゴの白化現象で、漁獲量も減った。温暖化が進めば、この地での人々の伝統的な暮らしは続けられないだろう。

私が訪れた太平洋の三カ国はどこも、海岸侵食は徐々にではなく加速度的に進んでいる。異常気象に襲われる頻度も増えた。だが、海に近い土地に多くの人が暮らす南アジアのパキスタン、インド、スリランカ、バングラデシュ、ミャンマーでは深刻だ。東南アジアのタイ、ベトナム、インドネシア、フィリピン、そしてアフリカの国々でも大きな被害を受ける。

自給自足の暮らしを続けているフナファーラ島。その海際に建てられていた伝統的家屋は海面上昇によって放棄され、今は柱だけが砂浜に残る。

取り組みを始めた国際社会

「大陸への国民の移住を計画している」「温暖化防止に消極的な米国・オーストラリア政府と大企業に対して訴訟を起こそうとしている」といったツバルをめぐる報道が日本でも盛んにあった。それについて、ツバル外務省秘書官パーニ・ラウペパさんに話を聞いた。

「オーストラリアからは移住を拒否されました。ニュージーランドは、海面上昇とは関係のない移住政策の一環として受け入れを認め、その一回目として七五人が移住を済ませました。訴訟は金がなくてできないのです。大企業は金をかけて裁判に臨むでしょうから、今のままでは対抗できません。もちろん金があれば起こしたいですよ」

ニュージーランドへ移住できるのは国民のごく一部でしかなく、訴訟の目処は立っていないのだ。ツバルによる生存のための試みは、このように順調ではない。

「先進国」には地球を温暖化させてしまったことへの大きな責任がある。二酸化炭素の一九九六年時点での国別排出比率は、米国二三パーセント、欧州連合（ＥＵ）一七パーセント、日本五パーセント。それと比較すると、例えばマーシャル諸島はわずか〇・〇〇四パーセントなのだ。一九九六年時点で、世界の人口の約二五パーセントである「先進国」が、三分の二もの二酸化炭素を排出している。「途上国」の中でも温室効果ガスをほとんど出していない小さな島嶼国などが、大量消費を続けている「先進国」によって海に沈められようとして

海は子どもたちの遊び場だ。カヌーを乗り回し、船着場から釣り糸を垂らす。

いる。それを「途上国」が防ごうとしても、その資金や技術がない。

地球温暖化を防ぐために国際社会は、「温暖化の原因を作った先進国がより重い責任を負う」とした「気候変動枠組み条約」を一九九二年に採択。そして一九九七年に京都で開催された「国連気候変動枠組み条約第三回締約国会議」で「京都議定書」を採択した。気候変動による被害を少しでも減らすため、温室効果ガスの削減目標を具体的な数値で設定。ツバルやフィジーなど三六カ国の「小島嶼国連合」は二〇〇五年までに二〇パーセント削減するという案、EUは一五パーセント削減案を出した。ところが日本は開催国であるにもかかわらず、二・五パーセントという数字を出すなど消極的な姿勢だった。

結局、「先進国」全体で二〇〇八〜二

〇一二年の「第一約束期間」に、一九九〇年水準より少なくとも五パーセント削減すると決まった。国別では、日本六パーセント、米国七パーセント、EU八パーセントとなっている。また、「途上国」へ技術移転と資金提供をすることも決められた。フィジーは世界で最初にこの「京都議定書」を批准。日本は二〇〇二年に批准したものの、産業界には反対の声が今も強い。

「京都議定書」は温暖化防止へ向けての世界の取り組みの極めて重要な第一歩となるはずだった。ところが最大の排出国である米国はブッシュ政権に代わると、「京都議定書」の実行は自国経済の損失が大きいという理由で離脱してしまったのである。そして「先進国」での現在の排出量は削減に向かうどころか、一九九〇年からの一〇年間で八・四パーセントも増加。「途上国」支援も進んでいない。

地球環境回復のための日本の責任と役割

かつて、太平洋に浮かぶ島々の海岸はマングローブ林で覆われていた。ところがそれを入植者たちが次々と伐採してしまった結果、海面上昇による海岸侵食を受けやすくなった。

フィジーのヤドゥア村では、侵食の激しい海岸にマングローブの植林が行なわれている。実施しているのは、アジア太平洋などで農村支援や植林などに取り組む国際NGO・オイスカ。フィジーやインドネシア・フィリピンなど八カ国でマングローブ植林を住民と共に実施しており、その合計は二三八四ヘクタールになる。そのうちフィジーでは、一九九七年から

吊り上げたウツボを、子どもたちが自慢げに見せてくれた。海からの恵みに頼って暮らしてきた人たちが、海面上昇によって大陸への移住を迫られている。

四一ヘクタールの植林が行なわれた。

　生長したマングローブ林は、波によってすぐに破壊されてしまうコンクリート堤防よりも海岸浸食を防ぐために有効である。しかも安価だ。それだけでなく、小さな魚介類が育つ場所ともなり、多くの二酸化炭素を固定する力を持つ。台風の直撃によって全滅したり、適切な高さに浸水するよう植えたりする必要があるなど、マングローブの苗が育つには困難もある。だが根気良く植え続けたならば、太平洋の島々をマングローブの防波堤で少しでも守ることができるだろう。


「京都議定書」では、温暖化に責任のある「先進国」だけに温室効果ガスの削減義務を課している。中国は世界第二位の一四・五パーセント、インドは四パーセントを排出しているが削減義務はない。経済発展を続ける「途上国」の二酸化炭素排出量は、二〇二〇年には世界全体の半分を占めるとの予測もある。

「先進国」は、急速な発展を続ける「途上国」にも削減を求めようとしているものの、「途上国」は強く反発する。地球を危機に陥れた「先進国」への強い不信感があるからだ。しかし「地球号」は沈没に向けて確実に傾き始めている。「途上国」でも温室効果ガスの削減をしなければならないのは明らかだ。それを実現するには、日本を始めとする「先進国」が、人類に課せられたこの難題に本気で取り組む姿勢を示す必要がある。排出削減目標を率先して実現させ、「途上国」への資金・技術援助を積極的に行なうべきだ。

　ドイツは二酸化炭素を二〇〇五年までに一九九〇年水準から二五パーセント削減するとい

マーシャル諸島の首都・マジュロでは、人口密集地にだけささやかな堤防がある。砕いたサンゴが金網に詰められている。

フィジーのヤドゥア村で植林されたマングローブ。苗床で生長させてから干潟に植え付けられる。

う独自の目標を設定した。すでに二〇〇二年までに一八・九パーセントを達成している。また「途上国」に対して、五年間で一〇億ユーロ（約一三〇〇億円）の援助をすると表明している。

日本は一九九〇年水準より六パーセントの削減をする義務があるが、逆に二〇〇二年現在で七・六パーセントも増加させてしまった。つまり一三・六パーセントの削減が必要である。だが二〇〇四年七月、環境相の諮問機関「中央環境審議会地球環境部会」では、二〇一〇年の温室効果ガス排出量は四・一〜四・六パーセント増えるとの試算が示されている。

日本での削減目標の達成は容易ではない。そのため政府や企業はさまざまな事業を実施しているが、問題が大きいものがある。

世界の二酸化炭素排出量の約三七パーセントは発電が占める。その理由は石炭・石油などの化石燃料を使用しているからだ。そのため、クリーン・エネルギー使用へと転換すれば二酸化炭素を大きく減らすことができる。政府は、二酸化炭素の排出削減のために原子力発電を重視する政策をとっている。だが原子力発電は化石燃料ではないものの、重大事故の危険性がつきまとい、放射性廃棄物を次の世代へ押しつけざるを得ないという大きな問題がある。バイオマス・太陽光・風力・潮力といった環境に大きな負担を与えない再生可能エネルギーを増やす必要があるのだ。

他の問題点としては、多くの日本企業が植林などの事業を海外で行なうことで二酸化炭素排出の削減分を得ようとしていることだ。だがこれは、国内で苦労して削減をしなくても

ツバルの首都・フナフチではハリケーンで陸地が侵食され、内海（右側）と外海がつながってしまった。その部分はコンクリートで補修された。

ひんぱんに陸地が海水で浸かるようになったため、フナフチでは高床にした新築家屋が増えた。

マーシャル諸島ミリ島ではたくさんのヤシの木とともに、日本軍が設置した砲台のコンクリート台座が海岸侵食で倒れていた。「先進国」の利益のために、いつの時代にも「途上国」が犠牲を強いられる状況を象徴した光景だ。

「途上国」で安価に得られてしまい、「先進国」国内での削減がまったく進まないという事態になる可能性がある。「ＩＰＣＣ」はこうした植林に対し、「気温上昇の進行を遅くするだろうが効果はわずかでしかない。植林に依存することは科学的に不確実性がある」とも指摘している。

「京都議定書」が発効するには五五カ国以上が批准することと、批准した「先進国」の一九九〇年水準の排出量合計が五五パーセントを越える必要がある。米国やオーストラリアが「京都議定書」から離脱してからは、それが発効するかどうかは排出割合一七・四パーセントのロシアが加わるかどうかにかかっていた。ロシア政府は批准に慎重な姿勢を続け

あまり飛行機が飛んでこない滑走路は、子どもや若者たちの遊び場。ツバルでは、広い土地はここにしかない。

てきたが、欧州連合（ＥＵ）に押されて、二〇〇四年九月三〇日に批准を閣議決定。上下両院での可決後、プーチン大統領が署名する。これで二〇〇五年初めには「京都議定書」はようやく発効する。入口の所で足踏みをしていた温暖化防止への人類の取り組みは、少しだけ前へ進むことになった。

たとえ米国・オーストラリアが「京都議定書」に復帰し、すべての「先進国」での削減が実現したとしても地球温暖化は確実に進行する。速度を遅くすることしかできないのだ。温室効果ガスの濃度を現状で止めるには、二酸化炭素の排出をただちに六〇～八〇パーセントも削減する必要があるという。

「地球温暖化による海面上昇は、

気温が安定した後も何百年も続き、多くの地域が水没する運命にある」と「ＩＰＣＣ」は指摘する。地球を襲う深刻なこの事態を考えれば、戦争とテロに明け暮れている場合ではない。温暖化防止にすべての国が全力を挙げて取り組まない限り、人類と多くの生物は絶滅へと確実に向かう。大量消費社会を持続可能な社会へと変えることだけが、人類の生き延びる道なのだ。

そして日本政府に求められているのは、「京都議定書」の発効のために指導力を発揮し、遅れている国内での温暖化防止策を強力に進め、「京都議定書」へ米国やオーストラリアを復帰させるための働きかけを行なうことである。そして、高い技術力と経済力を持つ日本は、温暖化の進行による被害の削減や地球環境を少しでも回復させるための積極的な貢献をするべきだろう。日本国内においては、温室効果ガス排出を大幅に削減するために、温暖化対策税（環境税・炭素税）の導入といった大胆な政策が必要だ。

地球温暖化による影響は、急速かつ深刻な形で現れつつある。だが今の日本国内や世界を見ると、地球環境よりも自らの利益を重視する人々があまりにも多く、温暖化防止は手遅れになる可能性が高いと私は思う。だが、温暖化の進行を食い止めるための努力は最後まで続ける必要がある。それは物質的豊かさのために地球環境を次々と悪化させてきた私たちの、未来への責任なのだ。

サンゴ礁でできた美しい島々は、「先進国」が引き起こした
地球温暖化による急速な海面上昇によって海に沈みつつある。

あとがき

この本で紹介したのは、日本の政府・企業によるアジア太平洋での大規模な環境破壊についての取材である。私がこの取材を始めようと思ったのは、アジア太平洋戦争での被害者取材のためにアジア各地を回っていた時である。日本がそれらの国々に対して、昔と異なる形で再び被害を与えていることに気づいたからだ。

日本による侵略戦争と植民地支配は五九年前に終わったが、アジア太平洋の各地ではいまだにその肉体的・精神的被害に苦しんでいるたくさんの人たちがいる。その同じ場所で、日本から新たな被害を受けている住民たちがいるのだ。私が取材したインドネシア・フィリピン・ニューギニアは日本の軍事占領・統治で多くの人が殺され傷ついた。台湾とマーシャル諸島は、長期の植民地支配を受けた。

マーシャル諸島のミリ環礁をボートで回っていた時、海岸侵食によってたくさんのヤシの木が倒れていた。ヤシの林がある陸地と砂浜地とは約一メートルもの段差ができている。すぐに上陸して撮影していると、砂浜に崩れ落ちているコンクリートの大きな塊を見つけた。住民の話によると、これはかつて日本軍が設置した小型砲の台座部分なのだ。「大変な物を見てしまった」と私は思った。

第一次世界大戦で日本は、ドイツ領有のマリアナ諸島・カロリン諸島とともにマーシャル諸島を占領。一九四五年の敗戦まで、「南洋庁」を置いて植民地支配を行なった。日本支配を象徴する遺物が、今度は日本が大きく加担している地球温暖化によって崩れている。近代日本のあり方に根源的で大きな問題があることを見事に示していると私は思う。

私はこの本で、アジア太平洋で環境破壊を続けている日本の政府と企業の「悪行」を指摘し、厳しく批判している。だが、地球環境の悪化にもっとも加担しているのは米国である。私は日本のジャーナリストとして、自分が暮らす国の過ちを正すことを他国の問題よりも優先して取り組まなければならないと思っている。世界中のジャーナリストや市民たちは、他国に被害を及ぼす自国による環境破壊をやめさせるために努力をすべきだ。

この一連の取材では、それまでの私の海外取材ではなかった人々や文化とのすばらしい出会いがあった。ロシア・台湾・フィリピン・インドネシアでは、先住民族たちの伝統的な暮らしと文化に触れることができた。シベリアのタイガの中を流れるビキン川をウデへの人たちとボートで下りながら、狩猟を見せてもらいともにキャンプをした体験は私の大切な宝物である。

マーシャル諸島の首都から遠く離れた環礁やパプアニューギニアの熱帯林の中では、電気のない暮らしを体験した。ビデオカメラを動かすバッテリーの充電ができなくて困ったが、こうした生活にも意外と人はすぐに慣れるものだと思った。

「豊かな人々こそ、肥大化した物欲を抑制しなくてはならない。ある概算によれば、環境保護と社会的公正という二つの命題を満たすためには、今後数十年間で豊かな国々の物質消費を九〇%削減することが必要であるという」(ワールドウォッチ研究所『地球白書２００４―５』)。

限られた地球の資源を一気に食いつぶそうとしている今の社会のあり方を根本から変え、持続可能な社会実現への真剣な努力をするしか人類が生き延びる方策はない。そうした社会の実現を政府に対してより強く求めていく必要がある。それと同時に私たち自身が、日常生活で天然資源の消費量を大胆に減らし、再生可能な資源を少しでも少なく使うなど、環境に少しでも負担をかけない生活をすべきだ。「便利な生活を覚えてしまった今となっては、以前の暮らしに戻すことなど不可能」とほとんどの人が思っているだろう。だが、地球環境の深刻な状況からすれば、こうした考えは人類のエゴでしかない。もはや地球には一刻の猶予もないのである。地球を殺してはならない。

地球の未来よりも自国の目先の利益を優先する大国によって、地球温暖化を止めることができない。この現状を見ると私は絶望的な気持ちになる。だが結果はどうなるにせよ、これ以上の環境の悪化を防ぎ少しでも修復するための努力を一歩ずつ確実に続けていくしかない。それが次の世代への私たちの責任だろう。

二〇〇四年十月五日

伊藤　孝司

この本は、カタログハウス『通販生活』二〇〇二年秋号〜二〇〇四年春号に連載した「日本は環境破壊を輸出している」と題した連載を基本にし、いくつものメディアに発表した記事へ加筆したものである。なお私の取材は、ホームページ「伊藤孝司の仕事」でも見ることができる。
http://www.jca.apc.org/~earth

この本の内容に関連のある記事を発表したメディア

第1部

＝インドネシア＝

『通販生活』2003夏号「日本のODAで建設したダムにより、生活を奪われたスマトラの住民」

＝フィリピン＝

『週刊金曜日』2000年5月19・26日号「日本の融資が先住民族の暮らしを破壊する」上・下
『きょうの出来事』日本テレビ　2000年5月11日放送　「巨大ダムで村が消える」
『通販生活』2003秋号「日本企業の『売電事業』のために建設されたアジア最大級のサンロケダム」

第2部

＝オーストラリア＝

『フライデー』1999年7月9日号「日本の原発から世界遺産を守れ！」
『週刊金曜日』1999年8月6日号「日本の原発のために破壊されるアボリジニーの聖地」

『トゥー・ユー』名古屋テレビ　1999年7月8日放送　特集
風媒社ブックレット『日本が破壊する世界遺産』　2000年
『通販生活』2002冬号「日本の原子力発電所のために削り取られていく、オーストラリア北端　アボリジニーの聖地」

＝台湾＝

『フライデー』1999年3月26日号「ニッポンの原発輸出に揺れる台湾を緊急ルポ」

『週刊金曜日』1999年4月2日号「原発輸出は第二の侵略」

『筑紫哲也ニュース23』TBS　1999年3月16日号「原発輸出の台湾で何が？」

『世界』1999年8月号「ついに始まる日本の原発輸出」

『月刊オルタ』2000年2月号「脱原発へと舵を切った台湾」

『週刊金曜日』2000年2月23日号「台湾第四原発の運転再開でカギを握る日本政府の姿勢」

風媒社ブックレット『台湾への原発輸出』2000年
『フライデー』2000年12月15日号「10万人大デモで原発建設中止」

『週刊金曜日』2001年1月26日号「陳水扁政権　脱原発への挑戦」

『通販生活』2003春号「需要の減った日本原発が、台湾を始めとするアジア諸国へ売られる」

第3部

＝パプアニューギニア＝

『フライデー』1995年2月26日号「パプアニューギニアの熱帯林を丸裸にした日本人」

『世界』1995年6月号「パプアニューギニアの熱帯林伐採と日本」

『山と溪谷』　1996年1月号「熱帯雨林を伐り尽くす日本」

＝ロシア＝

『フライデー』　2000年11月10日号「シベリア・タイガを日本が乱発している」

『週刊金曜日』　2000年11月3日号「奪われる先住民族・ウデゲの森」

『きょうの出来事』日本テレビ　2001年1月26日号「森が消えていく！」

『通販生活』　2002秋号「熱帯材輸入を批判された日本が次に狙う極東ロシアの森」

＝インドネシア＝

月刊『現代』　2004年2月号「激安コピー用紙が熱帯林に遺す傷痕」

第4部

＝マーシャル諸島＝

『フライデー』　2001年10月26日号「楽園の島が海に沈んでいく」

『週刊金曜日』　2002年2月1日号「国が沈む　マーシャル諸島で見た地球温暖化」

『スーパーニュース』フジテレビ　2001年12月21日放送「楽園が沈む　地球温暖化の恐怖」

＝ツバル・フィジー＝

『通販生活』　2004春号「日本などの先進国が排出する温室効果ガスで、海に沈もうとしている太平洋の小さな国々」

取材協力

・FoEジャパン
　http://www.foejapan.org/

・ノーニュークス・アジアフォーラム・ジャパン
　http://www2.odn.ne.jp/~hal19090/

・コトパンジャン・ダム被害者住民を支援する会
　http://www2.ttcn.ne.jp/~kotopanjang/

・熱帯林行動ネットワーク
　http://www.jca.apc.org/jatan/

・財団法人　世界自然保護基金ジャパン
　http://www.wwf.or.jp/

伊藤　孝司（いとう　たかし）
1952年長野県生まれ。フォトジャーナリスト。（社）日本写真家協会会員。日本ジャーナリスト会議会員。
日本の過去と現在を、アジアの民衆の視点からとらえようとしている。アジア太平洋戦争で日本によって被害を受けたアジアの人々、日本がかかわるアジアでの大規模な環境破壊を取材し、雑誌・テレビなどで発表。
著書　『続・平壌からの告発』『平壌からの告発』
『破られた沈黙』（以上、風媒社）
『アジアの戦争被害者たち』（草の根出版会）
『棄てられた皇軍』（影書房）
『原爆棄民』（ほるぷ出版）など多数。
ビデオ作品　『長良川を救え！』
『アリラン峠を越えて』など。
URL「伊藤孝司の仕事」http://www.jca.apc.org/~earth

地球を殺すな！——環境破壊大国・日本

2004年11月22日　第１刷発行　　（定価はカバーに表示してあります）

著　者　　伊藤　孝司
発行者　　稲垣喜代志

発行所　名古屋市中区上前津2-9-14　久野ビル　振替00880-5-5616　電話052-331-0008　http://www.fubaisha.com/　風媒社

乱丁本・落丁本はお取り替えいたします。　＊印刷・製本／大阪書籍
ISBN4-8331-1063-6

風媒社の本

伊藤孝司著
〈風媒社ブックレット〉
日本が破壊する世界遺産
定価（800円＋税）

世界遺産認定の国立公園、オーストラリア・カカドゥで始まったウランの採掘。雄大な自然を破壊し、アボリジニたちの伝統とその生命さえも踏みにじるその行為を詳細にルポし、ウランの買主である日本企業の犯罪性をえぐりだす。

伊藤孝司著
〈風媒社ブックレット〉
台湾への原発輸出
定価（800円＋税）

台湾で進められている第四号原発の建設。ビル鉄骨汚染・道路汚染・排水による水質汚染等、過去様々な放射能汚染を垂れ流した台湾の危険な原子力管理の実態と、「第2の侵略」と指弾される日本企業の原子炉輸出の実態を問う。

伊藤孝司著
〈風媒社ブックレット〉
平壌からの告発
定価（800円＋税）

日本との国際関係ゆえに、これまで省みられることなく黙殺されてきた北朝鮮の戦争被害者たちの悲愴な叫びと激しい怒り…。元慰安婦・強制連行被害者たちの語る壮絶な体験から、日本が犯した隠された「犯罪」を追及する。

伊藤孝司著
〈風媒社ブックレット〉
続・平壌からの告発
定価（800円＋税）

急展開を見せる日朝関係。しかし、「過去の清算」は政府間の処理げけでは終わらない。拉致問題の影に隠れ、戦後補償問題への対応が置き去りにされるなか、北朝鮮に遺る戦争の傷跡をさがし、元日本軍慰安婦への聞き取り取材したルポ。

杉本裕明著
環境犯罪
七つの事件簿(ファイル)から
定価（2400円＋税）

役人が犯罪の片棒をかついだ和歌山県ダイオキシン汚染事件。産業処分場をめぐって起きた岐阜県御嵩町長宅盗聴事件。フィリピンへのゴミ不法輸出事件。諫早湾干拓事業と農水省等，未来を閉ざす「環境汚染犯罪」の背景に迫る７つのルポ。

瀬尾健著
原発事故…
その時、あなたは！
定価（2485円＋税）

もし日本の原発で重大事故が起きたらどうなるか？近隣住民の被爆による死者数，大都市への放射能の影響は…？　『もんじゅ』をはじめ，日本の全原発事故をシミュレート。緻密な計算により恐るべき結果を算出した，原発安全神話を突き崩す衝撃の報告。

宋斗会著

満州国遺民

●ある在日朝鮮人の呟き

定価（3200円＋税）

戦後さまざまな差別と闘いながら、命の灯が燃え尽きるまで、日本社会にその存在証明を突きつけ続けた在日朝鮮人・宋斗会の回想録。旧満州における若き日の放浪生活の回想を中心に、国家と民族の虚妄を剥ぎ取り、「語られざる」満州の歴史を語る貴重な記録。

氷川剛

医者に復讐せよ！

定価（1700円＋税）

なぜ日本の医者は患者を喰い物にするのか？——医療界内部に精通する著者が告発する、病院というどず黒い世界……。医者に「殺されず」、自分自身の身を守るにはどうすればよいのか。これまで表に出てこなかった内部告発情報を全面に盛り込んだ衝撃の書！

藤井克彦・田巻松雄著

偏見から共生へ

●名古屋発・ホームレス問題を考える

定価（2500円＋税）

増え続けるホームレスの人々。「排除」なのか「占拠」なのか、時として感情的な対立になりがちなこの問題にどんな解決の道すじがあるのか。生活・労働、行政、支援の活動や運動という3つの側面に比重を置き、この問題の現実を理解し議論するための素材を提供する。

中部日本放送報道部 著

NO MORE！ 医療事故

定価（1600円＋税）

なぜ同じ過ちが繰り返されるのか？　あとを絶たない医療ミス事件。はたして日本の病院は安全なのか。小児科医不足、ずさんな院内感染対策、問題だらけの研修医教育など、さまざまな問題を抱える医療現場のいまと事故再発防止への改善策を鋭くレポート！

佐藤明夫著

哀惜1000人の青春

●勤労学徒・死者の記録

定価（2000円＋税）

奪われし青春の墓碑銘——。全国で最多の死者を出した愛知県内の勤労学徒たちの理不尽な戦災死と、不当に負わされた労働の現実を、貴重な証言を掘り起こして描く鎮魂のドキュメント！　少年・少女たちの生命を奪い、傷つけた地域の戦争体制を告発する。

青木みか 編

どうして戦争をはじめたの？

●「ノー」と言えなかった狂乱の時代

定価（1900円＋税）

なぜ戦争をとめられなかったのか。第二次世界大戦下の日本で多感な青春時代を送った人々が、当時の日本で何を思い、どう生き抜いたのかを語り、破滅への道を、坂道を転げ落ちるように突き進んでいった時代の教訓をいまに伝える。若い人たちにむけた切実なメッセージ。

風媒社の本

山城紀子著

あきらめない

●全盲の英語教師・与座健作の挑戦

定価(1600円+税)

少年のとき視力を失いながら、「見えなくてもできること」を積み重ね、念願の教師に！　困難と向き合いながら、迷いつつ、悩みつつ前進する青年に差しのべられた、たくさんの支援の手……。すがすがしい感動を呼ぶ人間ドキュメント！

中村儀朋著

いま一度白きノートに

●山崎礼子“常臥歌集”

定価(1800円+税)

障害とたたかいながら生を全うすべく紡ぎ出された心の歌——。歌人・山崎礼子の愛と苦しみに満たされた人生を、彼女の生を彩るさまざまな人間の横顔とともに描き、“悲しみ”を“愛”へと昇華する生き様を追う感動の人間ドキュメント！

山中恒著

オレは陽気ながん患者

●心筋梗塞もやったぜ！

定価(1700円+税)

児童読み物作家が，自らのがん闘病体験をユーモラスに，そしてリアルに描き出した快作。面白くてためになる手術・入院・退院の現実。入院体験から考えた患者本位の山中流「患者学」とは？　病気をはさんで医師と患者が人間らしい関係を修復していくには？

大山誠一著

聖徳太子と日本人

定価(1700円+税)

「聖徳太子は実在しなかった！」。これまで日本史上最高の聖人として崇められ、信仰の対象とさえされてきた〈聖徳太子〉が、架空の人物であると証明した問題作。どんな意図で、誰の手によって〈聖徳太子〉が作り出されたのか？　古代史最大のタブーに迫る。

司馬遼太郎・小田実著

天下大乱を生きる

定価(1505円+税)

自由闊達にして気宇壮大な“自由人”2人による対話集。日本人とは何かを問い，アジア・世界を股にかける。「日本が大統領制をとっていたら」「坂本竜馬の発想」「日本人の韓国体験」等，来たるべき時代を予見し，読む者を刺激してやまない対談集。

樺島秀吉著

脱・田中康夫宣言

●変革知事よ、どこへ行く

定価(1500円+税)

いざ、清冽な感動に出会う旅へ——。山にわき出る清水に出会い、大自然の恵みを味わう…。絶大な好評を博した「名水・わき水ガイド」の続編刊行！　愛知・岐阜・三重・長野エリアの清らかにして、心洗われる名水・湧水を厳選。旅情を味わい感動を訪ねる、ゆとりの旅のガイドブック。オールカラー版。